采矿工程专业毕业设计指导

（露天开采部分）

主　　编　　陈晓青　　伊志宣
参编人员　　栾丽华　　沈小君　　金　　敏
　　　　　　田迎春　　马　东　　李灵慧
　　　　　　陈　进　　宫国慧　　牛文杰
　　　　　　周宝坤　　张　崴　　陶治臣
　　　　　　赵德智　　付昕姝　　张佰通
　　　　　　柏　杨　　丛　明

北京
冶金工业出版社
2020

内 容 提 要

本书按照高等学校采矿工程专业卓越工程师培养目标和应用型转型的要求，结合采矿工程专业学生毕业设计的特点，以金属矿床露天开采工程设计为主线，从矿区概况、露天开采境界圈定、矿床开拓、生产能力确定、设备选型、采掘进度计划编制、矿山总平面布置、防洪排水、排土、安全环保、技术经济、制图规范等方面进行阐述，涵盖了必要的专业基础知识和工程设计思想。

本书为采矿工程专业卓越工程师教育培养计划配套教材，也可作为冶金行业高校采矿类专业本科生毕业设计的指导教材，并可供其他相关专业师生以及矿山设计与生产管理的工程技术人员参考。

图书在版编目 (CIP) 数据

采矿工程专业毕业设计指导. 露天开采部分/陈晓青，伊志宣主编. —北京：冶金工业出版社，2020.10
卓越工程师教育培养计划配套教材
ISBN 978-7-5024-8596-2

Ⅰ.①采…　Ⅱ.①陈…　②伊…　Ⅲ.①矿山开采—露天开采—毕业设计—高等学校—教材　Ⅳ.①TD8

中国版本图书馆 CIP 数据核字 (2020) 第 170783 号

出 版 人　苏长永
地　　　址　北京市东城区嵩祝院北巷 39 号　邮编　100009　电话　(010)64027926
网　　　址　www.cnmip.com.cn　电子信箱　yjcbs@cnmip.com.cn
责任编辑　张耀辉　宋　良　美术编辑　吕欣童　版式设计　孙跃红　禹　蕊
责任校对　郑　娟　责任印制　李玉山
ISBN 978-7-5024-8596-2
冶金工业出版社出版发行；各地新华书店经销；三河市双峰印刷装订有限公司印刷
2020 年 10 月第 1 版，2020 年 10 月第 1 次印刷
169mm×239mm；14 印张；270 千字；213 页
35.00 元

冶金工业出版社　投稿电话　(010)64027932　投稿信箱　tougao@cnmip.com.cn
冶金工业出版社营销中心　电话　(010)64044283　传真　(010)64027893
冶金工业出版社天猫旗舰店　yjgycbs.tmall.com
(本书如有印装质量问题，本社营销中心负责退换)

前　言

采矿工程专业毕业设计是采矿工程专业学生在校学习的最后一个教学环节，通过毕业设计，使学生对所学的基础理论知识和专业理论知识进行一次系统地总结，并结合实际条件加以综合运用，培养和提高学生分析和解决实际问题的能力。

作为采矿工程专业"卓越工程师教育培养计划"配套教材，本书按照高等学校采矿工程专业卓越工程师培养目标和应用型转型的要求，结合采矿工程专业学生毕业设计的特点，以国家现行金属非金属矿山安全生产规程、规范和冶金矿山设计规范等为标准，以金属矿床露天开采工程设计为主线，由辽宁科技大学和鞍钢集团矿业公司的教师和工程技术人员合作编写，从矿区概况、露天开采境界圈定、矿床开拓、生产能力确定、设备选型、采掘进度计划编制、矿山总平面布置、防洪排水、排土、安全环保、技术经济、制图规范等方面进行阐述，涵盖了必要的专业基础知识和工程设计思想，注重工程实践教育，内容力求简明实用。

本书由辽宁科技大学陈晓青和鞍钢集团矿业公司伊志宣担任主编并负责统稿，全书分为12章，具体分工为：

第1章由鞍钢集团矿业公司田迎春编写；第2、3、4、6、7章由陈晓青编写；第5章由鞍钢集团矿业设计研究院有限公司金敏、牛文杰和辽宁科技大学张崴编写；第8章由鞍钢集团矿业公司宫国慧和辽宁科技大学张崴编写；第9章由鞍钢集团矿业公司李灵慧编写；第10章由鞍钢集团矿业公司马东编写；第11章由鞍钢集团矿业设计研究院有限公司沈小君、陈进编写；第12章由辽宁科技大学栾丽华编写。辽宁科技大学周宝坤、张崴、陶冶臣、赵德智、付昕姝、张佰通、柏杨、丛明负责资料检索、统稿、编辑和校稿等工作。

　　在编写过程中，参阅了大量相关文献，在此特向文献作者表示感谢。

　　感谢辽宁科技大学教材建设委员会对本书编写和出版工作的支持与资助。

　　由于编者水平有限，书中不妥之处在所难免，诚请读者批评指正。

陈晓青

2020 年 8 月 26 日

目　录

1 矿区概况

1.1 设计任务与内容

1.1.1 设计任务

本章主要任务是收集设计基础资料。通过查阅矿床地质勘探报告、矿山初步设计说明书和图纸以及其他有关资料，参加矿山实际调查、观测、劳动，同工人和工程技术人员座谈，辅以邀请工程技术人员作有关矿区概况的专题报告等方式，深入了解实际情况，收集相关资料。主要应了解以下内容：

（1）矿区的地理位置及行政隶属关系、交通情况、绘制简单的矿区交通位置图；

（2）矿区附近工业、农业生产情况，矿区的水、电、生产材料等供应情况；

（3）矿区气候条件、年最高、最低及平均气温、年降雨量和历年最高洪水位、年降雪量、结冻时间、结冻深度、主导风向、最大风速、地震烈度等；

（4）矿区地形及标高、地面河流、湖泊、建筑物和铁路分布情况；

（5）矿床地质概况、矿石质量、矿床开采技术条件和水文地质条件；

（6）矿床勘探类型、勘探线及钻孔的分布、储量等级的圈定和实际确定的可采厚度，掌握储量计算方法，按不同水平（或按标高）计算的工业储量和可采储量。

1.1.2 设计内容

（1）毕业设计说明书

根据设计的具体内容，本章的标题为"矿区概况"，可分为 2 小节：

1）矿区自然条件概况。主要描述矿区位置及交通、矿区自然地理及经济概况，并附矿区交通位置图；

2）矿区地质资源概况。主要描述矿床地质概况、矿床开采技术条件和水文地质条件、矿床勘探类型及勘探网度，并进行矿石储量计算。

（2）注意的问题

1）搜集资料的过程中，应虚心向工程技术人员和工人学习，搜集既符合实际情况又经过分析的资料，不能只满足抄录一些陈旧的资料。

2）编写毕业设计说明书时，要尽量用图表反映搜集到的资料，辅以必要的文字说明；编制的图表和文字说明应准确、整齐、明晰，并要经过反复核实。

3）注意资料的保密，防止资料丢失。

1.2　矿区自然条件

1.2.1　概况

（1）矿区地理及行政概况

1）概述矿区地理位置及行政隶属关系，矿区所在与主要城镇之间的距离；

2）交通条件。矿区附近铁路、公路、水运条件，矿区内外部运输方便程度；

3）绘制矿区交通位置示意图。

（2）矿区经济条件概况

1）矿区附近工业情况；

2）矿区附近农业情况；

3）矿区主要生产用材料及燃料供应情况（如建筑材料、木材、水泥、燃料等来源条件）；

4）矿区劳动力来源；

5）矿区用水、动力供应情况（工业民用水及电来源）。

（3）矿区自然条件

1）矿区气候条件：

①年最高、最低及平均气温；

②年降雨量（最大、最小及平均值），降雨时间，历史最高洪水位；

③年降雪量（最大、最小及平均值），结冻时间，结冻深度；

④矿区常年主导风向及风力；

⑤矿区地震等级。

2）矿区地形及标高，山脉、河流、湖泊分布情况。

（4）矿山现状

1）矿区地形地貌；

2）矿山地质条件、矿石品位、矿床开采技术条件和水文地质条件；

3）矿山生产状态、生产能力以及服务年限；

4）在开采时，是否对矿区周围的建筑物、交通运输干线、旅游景点、名胜古迹有影响。

1.2.2　矿床分期开采规划及矿区远景

从矿山建设初期到开采结束所进行的地质工作称为矿山地质工作，其目的是在矿山生产过程中，利用地质学的知识和手段进行矿床地质综合研究，掌握矿床地质规律，保证矿山生产的正常进行，监督与促进矿山资源的合理开发利用，尽可能延长矿山的服务年限。

对于大矿区，矿床埋藏宽广，矿体多，需要分期开采的复杂矿床，应制订最经济、最环保的开采规划，合理安置排土场以及运输道路，切勿覆盖其他矿物资源，以防二次搬运；还要考虑到是否需要河流改道、耕地占用等客观因素。注意前后期、过渡期的划分，所有工程安排应考虑未来的开采。

1.3 矿区地质资源概况

1.3.1 矿床地质概况

（1）矿床成因类型及工业类型；

（2）矿体数量、产状、形态、空间位置、分布规律及其相互间关系；

（3）矿区地质构造（断裂、构造和破碎带等）的性质、分布情况及其对成矿的控制或对矿体的破坏情况；

（4）各矿体的走向长度、厚度、倾角，矿体延伸情况等。按表1-1列出各矿体产状及特征。

表1-1 矿体产状及特征汇总表

序号	赋存特征		矿体号			
			Ⅰ	Ⅱ	Ⅲ	……
1	矿体走向/(°)					
2	矿体倾向/(°)					
3	矿体走向长度/m					
4	矿体倾角/(°)	最大				
		最小				
		平均				
5	矿体厚度/m	最大				
		最小				
		平均				
6	矿体赋存标高/m					
7	矿体延伸深度/m					
8	矿体形态及其变化					

1.3.2 矿石质量特征

（1）矿石矿物及化学成分；

（2）矿石组构（矿石结构、矿石构造）；

（3）矿石物理特征；

（4）矿石类型；

（5）矿石品位及其变化情况；

（6）围岩、夹石及矿床共（伴）生矿产；

（7）矿石加工技术性能；

（8）矿石氧化程度及含泥情况。

1.3.3 矿床开采技术条件和水文地质条件

（1）矿床开采技术条件

1）各矿体及上、下盘岩石名称、坚固性系数（f 值），矿岩的节理裂隙的发育程度及其分布规律；

2）矿石和围岩的物理力学性质。包括矿岩的稳固性、矿岩的抗拉压剪强度、矿岩允许暴露面积、矿岩容重、松散系数、自然安息角，以及硫化矿石的结块性、氧化性、自燃性及二氧化硅含量等。

（2）水文地质条件

1）矿区水文地质概况，地表水与地下联系及其对矿床开采的影响；

2）矿区含水层分布状况及其水力联系；

3）矿区地下水的化学性质（pH 值）以及地下涌水量。

1.3.4 矿床勘探类型及勘探网度

设计前要了解矿床的勘探类型与勘探网度。

1.3.5 矿石储量

1.3.5.1 储量分级

储量分级是反映所探明储量的精确程度和可靠程度。矿山设计需要有一定比例的高级储量，设计中对高级储量的比例要求，视矿床地质条件、矿山规模和开采技术条件而变化。矿石储量分四种：（1）开采储量 A 级；（2）设计储量 B 级、C 级；（3）远景储量 D 级；（4）预测储量 E、F、G 级。其中，A 级开采储量和 B 级、C 级设计储量合称为工业储量。

矿山设计对储量级别的要求是：大型矿山取大值，小型矿山取小值，都应该达到 C 级以上。但也有某些小型的复杂矿山允许用 C+D 级储量做设计。

1.3.5.2 矿石储量计算

储量计算方法较多，毕业设计采用断面法进行储量计算。断面法是利用一系列断面图，把矿体截为若干段，分别计算这些块段储量，然后将各块段储量相加，即为矿体的总储量。

储量计算基本公式为：

$$Q = \gamma V \tag{1-1}$$

式中　Q——矿块储量，t；

　　　　γ——矿石体积密度，t/m^3；

　　　　V——矿体块段的体积，m^3。

计算块段的体积时，按各块段的形态选用不同的公式计算，常用的几种计算公式见表1-2。

表1-2　几种常用的矿体块段体积计算公式

方法名称	计算公式	符号释义	适用条件
梯形公式法	$V = \dfrac{1}{2}(S_1 + S_2)L$	V—两剖面间矿体的体积； L—两剖面间的距离； S_1，S_2—两剖面上矿体的面积	相邻两剖面上矿体面积差小于40%，即： $\dfrac{S_1 - S_2}{S_1} < 40\%$
圆台公式法	$V = \dfrac{1}{3}(S_1 + S_2 + \sqrt{S_1 S_2})L$	符号意义同前	相邻两剖面上矿体面积差大于40%
楔形公式法	$V = \dfrac{1}{2}SL$	V—矿体尖灭端楔形体积； L—矿体尖灭端与剖面间的距离； S—剖面上矿体的面积	当某剖面处于矿体边缘，而体积呈楔形尖灭时

储量计算按上述方法算出矿量后，汇总在表1-3中。

表1-3　矿石储量汇总表

阶段水平 /m	矿体号			阶段矿量/kt	品位 /%
	Ⅰ	Ⅱ	…		
×××					
×××					
×××					
×××					
小计					
远景储量					
合计					

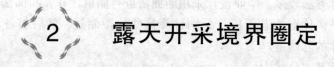

2　露天开采境界圈定

2.1　设计任务与内容

2.1.1　设计任务

本章主要任务是根据矿山地质图及地形图等资料设计出露天开采的境界。主要应了解和掌握以下内容：

（1）了解确定露天开采境界的原则；

（2）掌握经济合理剥采比、境界剥采比、平均剥采比计算方法；

（3）掌握境界三要素的确定方法，确定最小底宽、最终帮坡角、开采深度；

（4）掌握底部周界确定方法；

（5）掌握利用扩圈法和破圈法绘制台阶线的方法，布置运输平台、清扫平台、安全平台，确定底部以上每个台阶坡顶线和坡底线，直至地表，并绘制地表境界线；

（6）绘制最终境界平面图，并编制境界圈定结果表和每层矿岩量表；

（7）了解分期境界及其边坡构成。

2.1.2　设计内容

2.1.2.1　毕业设计说明书

根据设计的具体内容，本章的标题为"露天采场境界的圈定"，可分为以下以下6部分：

（1）确定露天开采境界的原则及影响因素。主要描述圈定境界的原则，并确定经济合理剥采比。

（2）确定最小底宽。根据采、装、运的要求计算最小底宽。

（3）了解露天采场最终边坡构成要素，主要描述台阶高度、台阶坡面角、安全平台、清扫平台以及运输平台等要素，确定最终帮坡角。

（4）了解开采深度的确定方法。主要描述通过在各剖面计算不同开采深度的剥采比，绘出深度-剥采比的回归曲线，求出等于经济合理剥采比时对应的理论开采深度。

（5）确定底部周界。通过在纵剖面图上确定最终开采深度，调整最终开采深度下各剖面的底部周界，得到最终底部周界。

（6）绘制露天矿开采终了平面图，并编制境界圈定结果表和每层矿岩量表。

2.1.2.2 注意的问题

应注意的问题为：

（1）毕业设计说明书中应详细说明每步设计的过程，参数选择的数据来源和依据，尽量多用图表表示。

（2）露天矿开采终了平面图严格按第 12 章制图规范绘制，比例根据采场实际选用 1：1000 或 1：2000。

（3）境界圈定是比较复杂的，与开拓、设备选型、排土和总图关系紧密。这个过程是反反复复的过程，其他章节设计修改了，境界可能也需要相应修改。比如：需要与第 3 章矿床开拓和第 5 章设备选型配合，先选择矿床开拓方式和采装运输设备，才能确定境界三要素。在绘制境界平面图时，需要与第 9 章排土和第 7 章总图及第 3 章开拓配合，确定选矿厂、排土场位置，再选择总出入沟口数量和位置，以及坑线布置形式，才能进行境界内的坑线布置；坑线布置完，还需要再重新验算剥采比是否不大于经济合理剥采比，否则需要调整境界。

2.2 确定露天开采境界的原则

2.2.1 影响露天开采境界圈定的因素

影响露天开采境界圈定的因素较多：

（1）自然因素。包括矿床埋藏条件，如矿体产状、矿岩性质、地质、地形和矿石品位等。

（2）技术组织因素。包括露天和地下开采的技术水平、装备水平、矿山附近的铁路、主要建筑物、构筑物等对开采境界的影响。

（3）经济因素。包括基建投资、基建时间、达产时间、矿石的开采成本和售价、矿石开采的损失贫化以及国民经济发展水平等。

对不同的矿床条件，这些因素的影响程度是不同的。其中经济因素十分重要，通常用某种剥采比与经济合理剥采比相比较来确定开采境界。但经济因素并不是唯一的，用经济合理剥采比初步确定开采境界后，尚需考虑自然因素、技术组织因素等方面对开采境界的影响，进行综合分析后确定境界。

2.2.2 合理的开采境界应具备的条件

合理的开采境界应符合以下条件：

（1）提供矿山开采设计的储量级别须达到下述勘探程度，开拓设计：C级以上，回采设计：A+B级，远景储量只能作为矿山远景规划之用。

（2）在经济因素允许范围内，尽可能使开采境界内获得的矿石储量最大，以充分利用矿产资源。

（3）生产成本一般不应超过地下开采成本或允许成本。

（4）所圈定的露天采矿场的帮坡角应不大于露天帮坡稳定所允许的角度，以保证露天采场的安全生产。

2.2.3　确定露天境界的原则

露天境界一般采用某种剥采比不大于经济合理剥采比的原则进行圈定：

（1）境界剥采比不大于经济合理剥采比，即 $n_J \leq n_{JH}$。

（2）平均剥采比不大于经济合理剥采比，即 $n_P \leq n_{JH}$。

（3）生产剥采比（n_s）不大于经济合理剥采比，即 $n_s \leq n_{JH}$。

对同一矿床，由于开拓方式和开采程序不同，在生产期内生产剥采比是变化的，最大生产剥采比出现的时间、地点、数值及其变化规律不同，对开采深度的确定影响很大，也给开采境界的确定带来一定困难。因此，设计中一般不采用生产剥采比不大于经济合理剥采比原则。

露天开采境界设计各原则使用如下：

（1）境界剥采比不大于经济合理剥采比原则是使整个矿床开采的总经济效果最佳，境界剥采比计算也简单方便，国内外普遍使用。

（2）贵重金属和稀有金属矿床，可采用平均剥采比不大于经济合理剥采比圈定。

（3）沿走向厚度变化大、地形复杂的不规则矿床，应采用境界剥采比不大于经济合理剥采比圈定，并应用平均剥采比不大于经济合理剥采比进行校核。

（4）对于剥采比很小的特厚矿床。有时需要根据勘探程度及服务年限确定露天开采境界，而不应该按境界剥采比确定开采境界。如硅石、白云石、石灰石及特厚巨大的铁矿。

（5）基建剥离量和初期生产剥采比大的矿床，应进行露天和地下开采方式综合技术经济比较。

（6）下列情况可适当扩大露天开采境界：

1）按境界剥采比不大于境界合理剥采比圈定露天开采境界后，境界外余下的工业矿量不多，经济上不宜再用地下开采；

2）矿石和围岩稳固性较差，水文地质条件复杂，水量大，矿石和围岩有自燃危险等；

（7）下列情况可适当缩小露天开采境界：

1）开采境界边缘附近有重要建筑物、构筑物、河流和铁路干线等需要保护，或难于迁移至露天采场影响范围外；

2）排土场占用大量农田，征地困难；

3）由于地形条件（如采场最终边坡上有较高的山头），造成基建剥离量大和初期生产剥采比大；

4）为了避开严重影响边坡稳定的不稳定岩层。

2.2.4 经济剥采比的确定

确定经济剥采比，必须保证露天矿正常生产期间有盈利或不超过规定允许成本；还需考虑矿产资源的综合利用，对有经济价值的表外矿和其他有益组分，在计算中考虑其利用价值。

经济合理剥采比的计算方法有比较法与价格法两种。当矿石价值不高，地下开采有盈利时，可采用成本比较法计算；只适宜露天开采的矿床，可采用价格法计算经济剥采比。每个计算参数的选取，要经过调查、研究分析，力求接近实际。

成本比较法是用露采和地采相比较，并使露采的成本不大于地采。

按比较的内容不同，成本比较法又分原矿成本比较法、精矿（或金属）成本比较法和储量盈利比较法。

由于原矿成本比较法需要的基础数据较少，计算简单方便，应用最多。但没有考虑露天和地下开采在矿石损失和废石混入方面的差别。常在露采和地采矿石损失和废石混入率相差不大、矿石不贵重时使用。对于毕业设计，一般要求采用原矿成本比较法计算经济合理剥采比。

当露采和地采的贫化率相差较大时，则以精矿或冶炼出的金属量为基础，用精矿或金属成本比较法计算经济合理剥采比；当开采价格昂贵或资源稀缺的金属矿床时，以开采相同矿石储量露采和地采获得的盈利相等做比较，采用储量盈利比较法计算。

（1）原矿成本比较法。原矿成本比较法成本只计算到矿石产品，以开采单位矿石露采成本不大于地采成本为计算依据。

$$\begin{cases} C_L = \gamma \quad a + nb \\ C_L \leqslant \gamma \quad C_D \end{cases} \Rightarrow \gamma a + nb \leqslant \gamma C_D \quad \Rightarrow n \leqslant (C_D - a)\gamma / b$$

式中　C_L——露采矿石成本，元/m^3；

　　　C_D——地采矿石成本，元/t；

　　　a——露天开采采矿费用，元/t；

　　　b——露天开采剥离费用，元/m^3；

　　　γ——矿石体积密度，t/m^3。

这样求得的剥采比 n 就是我们要求的经济合理剥采比 n_{JH} 即：

$$n_{JH} = (C_D - a)\ \gamma\ /\ b, \qquad m^3/m^3 \tag{2-1}$$

（2）价格法。以露天开采单位产品的全部成本等于该类产品的价格为计算基础，计算时还可考虑一定的利润指标。

假设产品为精矿，经济合理剥采比计算如下：

$$n_{JH} = (A_L - a_L - e_1)\gamma/(T_L b), \qquad m^3/m^3 \tag{2-2}$$

式中　A_L——露天开采时精矿价格，元/t；

　　　　T_L——露天开采 1t 精矿需要的原矿量，t/t；

　　　　e_1——利润指标，元/t；

　　　　其他符号意义同前。

（3）经济剥采比参考资料。毕业设计也可参考表 2-1 确定经济剥采比值。但由于各种矿床的具体条件相差较大，即使同一类型矿床，笼统选取同一经济剥采比值也是不符合实际的。另外，表中数值是以原矿成本法计算的，不能正确反映企业的经济效果。因此，应尽可能按各矿山的具体条件计算其经济剥采比。

表 2-1　冶金矿山经济剥采比指标　　　　（m³/m³）

矿床类别	大型矿山	中型矿山	小型矿山
铁矿、锰矿、菱镁矿、重有色金属	≤8~10	≤6~8	≤3~6
石灰石、白云石、硅石矿	≤1.5	≤1.5	≤1.0
铝土矿、黏土矿	≤13~16	≤13~16	≤13~16

注：摘自《冶金矿山设计参考资料》。

2.3　露天境界三要素

2.3.1　最小底宽的确定

露天矿最小底宽应满足采装、运输的要求，保证矿山工程正常发展。

2.3.1.1　铁路运输

对于铁路运输的矿山，露天矿的最小底宽，如图 2-1 所示。

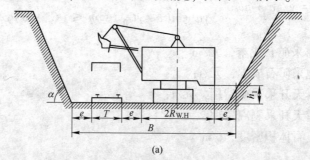

(a)

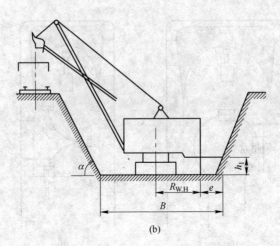

$$(b)$$

图 2-1 铁路运输最小底宽的计算

（a）平装车；（b）上装车

（1）平装车，最小底宽：

$$B_{min} = 2R_{W.H} + T + 3e - h_1 \cot\alpha \tag{2-3}$$

式中 B_{min}——露天矿最小底宽，m；

$R_{W.H}$——挖掘机体回转半径，m；

T——铁路线宽度，m；

E——挖掘机体、边坡及车辆三者间的安全距离，1.0～1.5m；

h_1——挖掘机体底盘高度，m；

α——露天矿最下一个台阶的坡面角。

（2）上装车，最小底宽：

$$B_{min} = 2(R_{W.H} + e - h_1 \cot\alpha) \tag{2-4}$$

式中 e——挖掘机体至边坡间的安全距离，1.0～1.5m。

2.3.1.2 汽车运输

当采用汽车运输时，底宽应满足汽车调车要求，如图 2-2 所示。

（1）若采用回返式调车，则底宽：

$$B_{min} = 2(R_{c.min} + 0.5b_c + e) \tag{2-5}$$

（2）若采用折返式调车，则：

$$B_{min} = R_{c.min} + 0.5b_c + 2e + 0.5l_c \tag{2-6}$$

式中 $R_{c.min}$——汽车最小转弯半径，m；

b_c——汽车宽度，m；

e——汽车距边坡的安全距离，m；

l_c——汽车长度，m。

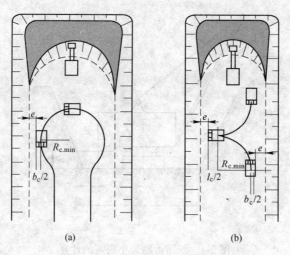

(a)　　　　　　　　　(b)

图 2-2　汽车运输最小底宽的计算

（a）回返式；（b）折返式

2.3.1.3　底平面最小宽度

露天境界最小底宽可参考表 2-2 选取。

表 2-2　露天境界最小底宽

运输方式	装载设备	运输设备	最小底宽/m
铁路运输	$1m^3$ 以下挖掘机	窄轨机车（600mm 轨距）	10
	$1m^3$ 挖掘机	窄轨机车（762mm 轨距）	12
	$4m^3$ 挖掘机	准轨机车	16
	$6\sim12m^3$ 挖掘机	准轨机车	20
汽车运输	$1m^3$ 以下挖掘机	7t 汽车	16
	$1m^3$ 挖掘机	$10\sim32t$ 汽车	20
	$6\sim12m^3$ 挖掘机	$100\sim154t$ 汽车	30

2.3.2　最终边坡角的确定

露天境界最终边坡是由各种台阶组成的，因此需要确定台阶形式和台阶参数。

2.3.2.1　台阶形式和台阶参数

台阶参数有 2 个：台阶高度和台阶坡面角。

台阶形式和台阶参数的确定应满足以下基本要求：（1）生产作业安全；（2）主要生产设备正常工作，能提高设备效率；（3）减少矿石损失及贫化。

A　台阶形式

台阶形式，即划分水平台阶还是倾斜台阶，或者两者兼有。

为便于区分采、装、运设备作业，一般把采场划分为具有一定高度的水平台阶。

但是，对于缓倾斜单层或多层薄矿体的露天矿，如果划分成水平台阶，在划定的开采台阶高度内，往往由两种以上的矿岩组成，如图2-3（a）所示。在这种情况下，为了减少损失贫化，要实现矿岩分采是极为困难的，甚至无法采出质量合格的产品。因此，在采矿地段可以考虑采用如图2-3（b）所示的倾斜台阶开采，而在覆盖岩层中仍采用水平台阶开采。倾斜台阶的倾角应与矿层的倾角一致，倾斜台阶的高度应与矿层及岩石夹层的厚度一致，以保证每一个倾斜台阶高度内矿石或岩石单一化，即全部为矿石或全部为岩石，以减少矿石的损失贫化。

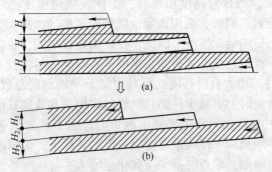

图 2-3 缓倾斜单层或多层薄矿体的露天台阶划分

确定的台阶高度及倾角要与主要设备的选择相适应。当矿层或岩层的厚度超过设备正常安全作业的高度时，应按设备安全作业要求确定台阶的高度，将矿层或岩层划分成 2 个或数个倾斜台阶；确定的台阶倾斜角必须满足主要设备安全作业的要求，即要求台阶倾角小于穿孔、挖掘、运输设备在斜面上作业的最大允许角度。

在开采缓倾斜多层薄矿体时，由于采用倾斜台阶在减少矿石的损失贫化方面具有突出的优越性，尽管其在生产管理上要复杂一些，设备效率可能要受些影响，但也应尽量采用。

B 台阶高度

影响台阶高度（h）的因素是多方面的，如挖掘机工作参数、矿岩性质和埋藏条件、穿孔爆破工作要求、矿床开采强度以及运输条件等。

a 挖掘机工作参数对台阶高度的影响

挖掘机直接在台阶下挖掘矿岩，对台阶高度的要求，既要保证作业安全，又要提高挖掘机工作效率。

台阶高度，一般应符合下列规定：

（1）不需爆破的松软矿岩，台阶高度不得超过挖掘设备的最大挖掘高度；

（2）需要爆破的坚硬矿岩，台阶高度不得超过挖掘设备最大挖掘高度的

1.25 倍，且不应大于 20m，一般应在 12~15m 之间。

我国设计和生产的露天矿，小型矿山的阶段高度一般为 8~10m，大、中型矿山一般为 10~20m，大型露天矿选用铲斗容 8m³ 以上挖掘机时，阶段高度可采用 12~15m。

b　其他因素对台阶高度的要求

（1）矿岩性质。合理的台阶高度应首先保证台阶的稳定性，以便矿山工程能安全进行。因此，对于松软岩土，从安全角度考虑，不宜采用大的台阶高度。

如果组成最终边坡的岩层稳定较好，允许有较高的边坡坡角时，可考虑将边坡 2~3 个台阶合并为一个高台阶。

（2）开采强度。当台阶高度增加时，工作线推进速度随之降低，新水平的准备工作也将会推迟。同时，掘沟速度也随台阶高度的加高而显著降低，使新水平准备时间延长，影响延深速度。因此，在矿山建设期间，往往采用较小的台阶高度，以加快水平推进速度，缩短新水平的准备时间，尽快投入生产。

（3）运输条件。增大台阶高度，可减少露天采场台阶总数，简化开拓系统。尤其是采用铁路运输时，可减少铁路、轨线的需用量和线路移设维修工作量。

（4）矿石损失与贫化。开采矿岩接触带时，由于矿岩混杂会引起矿石的损失与贫化。在矿体倾角和工作线推进方向一定的条件下，矿岩混合开采的宽度随台阶高度的增加而增加，矿石的损失与贫化也增大。

图 2-4 所示为工作线从顶帮向底帮推进的矿岩混采界限。当台阶高度由 h 增大到 h'，混采宽度由 L 增加到 L'，则混采的矿岩增加的面积为：

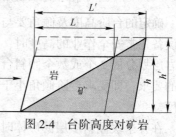

$$\Delta S = L'h' - Lh \qquad (2\text{-}7)$$

式中　ΔS——矿岩混合开采增加的面积，m²。

另外，在确定台阶标高时，为了减少矿石的损失贫化，应尽量使每个台阶都由均质

图 2-4　台阶高度对矿岩混采的影响

岩石组成，台阶上、下盘的标高尽可能与矿岩接触线一致，如图 2-5 所示。

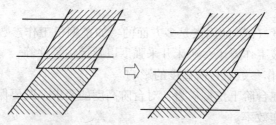

图 2-5　台阶的标高应与矿岩接触线一致

同一矿山，采矿和剥离台阶高度可以不一致；不同开采时期（不同开采空间位置），台阶高度也可以不同。这些都应根据具体条件和实际需要确定。但由于

台阶高度不同，水平推进速度亦不同，不要使这种速度上的差异影响正常生产。

C 台阶坡面角

台阶坡面角与岩石的性质、岩层倾角和倾向、节理层理和断层、台阶高度以及穿爆方法等因素有关。

台阶坡面角，一般应符合下列规定：

（1）不需爆破的松软矿岩，一般为挖掘设备的自然挖掘角；

（2）需要爆破的坚硬矿岩，为爆破作用形成的坡面角，一般为 60°~70°；

（3）台阶坡面角，可以按表 2-3 的规定选取。

表 2-3 台阶坡面角选取

岩石等级	最坚硬	坚硬	中坚硬	软坚硬	土质
岩石硬度普氏系数 f	15~20	8~14	3~7	1~2	0.6~0.8
台阶坡面角	75°~85°	70°~75°	60°~65°	45°~60°	25°~40°

注：表中取值可根据节理、裂隙和层理等发育条件及顺边坡方向或逆边坡方向进行调整。

2.3.2.2 影响采场最终边坡稳定的因素

露天矿边坡角对矿山生产规模、剥采比和露天开采境界具有重要影响。

影响最终边坡稳定的主要因素有：

（1）岩石的物理力学性质：包括岩石硬度、凝聚力和内摩擦角等；

（2）地质构造：包括有破碎带、断层、节理裂隙和层理面构成的弱面，不稳定的软岩夹层，以及雨水膨胀的软岩等；

（3）水文地质条件：地下水的静压力和动压力，地下水活动对岩层稳定性的影响；

（4）强烈地震区地震的影响；

（5）开采技术条件和边坡存在的时间。

2.3.2.3 最终边坡角的确定

露天矿最终边坡角，是采场最上一个台阶的坡顶线和最下一个台阶的坡底线所构成的假想面与水平面的夹角。

露天矿最终边坡角，应根据边坡的岩石性质、地质构造和水文地质条件，并考虑安全稳定因素及布置运输系统的要求来确定。

一般来说，按边坡稳定确定的边坡角比按边坡组成（尤其是有运输平台的边坡）确定的大。最终边坡角的大小对露天矿剥离量影响较大，选择时在保证露天矿安全的前提下，最终边坡角尽可能大些，以减少剥离量。

A 按边坡稳定来确定

露天矿最终边坡角，多采用类比法，即参照类似矿山的实际资料选取，可参考表 2-4。

表 2-4　国内露天矿山的最终边坡角

矿山名称	围岩种类		硬度系数 f		最终阶段坡面角		平台宽度/m		最终边坡角		阶段高度/m	运输方式
	上盘	下盘	上盘	下盘	上盘	下盘	安全	清扫	上盘	下盘		
大冶铁矿	闪长岩	大理岩	10~12	6~8	60°~65°	60°~65°	7~7.5	7~7.5	48°~52°30'	42°~45°	12	准轨电机车
南芬铁矿	石英片岩、混合岩	角闪岩	8~12	8~12	65°	35°~43°	5	13	48°	38°	12	汽车-溜井
大孤山铁矿	石英片岩、千枚岩	混合岩	8~10	10~12	65°	65°	12.5	7.5~12.5	32°	32°	12	准轨电机车
大石河铁矿	斜长片麻岩、花岗岩	片麻岩	8~10	8~10	65°	65°	4	7	48°30'	30°~50°	15	准轨电机车
水厂铁矿	片麻岩	片麻岩	8~10	8~10	60°	60°	3~10.5	10.5~14	40°~45°	40°~45°	12	汽车
白银厂铜矿	凝灰岩	凝灰岩	5~7	5~7	54°~65°	47°~59°	井段12	井段5~8	32°~42°	45°~47°	12	汽车
金川镍矿	大理岩、橄榄岩	片麻岩、角闪岩	6~8	6~8	45°	55°			41°~44°	50°	12	上部汽车、下部汽车
德兴铜矿	闪长斑岩、变质千枚岩	闪长斑岩、变质千枚岩	6~8	6~8	60°	60°			40°~42°	40°~42°	12	汽车-溜井
弓长岭独木采场	角闪岩、混合岩	角闪岩、混合岩	8~12	8~12	65°	55°	5	7	42°	30°~39°	12	汽车
石人沟铁矿	角闪岩片麻岩	角闪岩片麻岩	6~10	6~10	65°	65°	6~8	12~15	43°~45°	43°~45°	10	汽车
云浮硫铁矿	砂岩、千枚岩	砂岩、千枚岩			65°	65°	3	8	37°~47°	34°~42°	12	汽车
甘井子石灰石矿	石灰岩	石灰岩	6~8		70°	40°	7	9	40°	50°	12	窄轨机车
昆阳磷矿	砂岩	灰岩	3~7	3~7	60°	60°	7.1	7.5	45°	45°	矿 5、岩 10	汽车
海南铁矿	砂化透辉岩、角闪灰岩	硅化透辉岩、角闪灰岩	8~10	8~10	45°~65°	45°~65°	5~6	8~12	32°~42°	32°~42°	11~12	上部机车、下部汽车
大宝山矿	石灰岩、流纹斑岩	石灰岩、流纹斑岩	8~14、11~15	8~14、11~15	55°~60	55°~60	4~8	10.5~12	40°~43°	40°~43°	12	汽车
黑旺铁矿	石灰岩	泥质灰岩	5~6	3	57°	64°	4	6	47°30'	41°43'	12	

对工程地质条件复杂的矿山，由研究部门通过系统的工程地质调查后，按组成边坡的矿岩物理性质、地质构造、水文地质等因素用计算方法确定。

B　按最终边坡组成来确定

如图 2-6 所示，设露天矿深度为 H，最终边坡角为 β，台阶高度为 h，台阶坡面角为 α，最终平台上需布置安全平台、清扫平台和运输平台。

最终边坡角 β 计算：

$$\cot\beta = L/H$$

$$H = nh$$

$$L = nh\cot\alpha + \Sigma l_{安} + \Sigma l_{清} + \Sigma l_{运} \tag{2-8}$$

式中　$l_{安}$，$l_{清}$，$l_{运}$——分别为安全平台、清扫平台和运输平台宽度，m；

　　　　n——最终帮台阶数；

　　　　L——最终帮在剖面上水平投影总宽度，m。

一般三个台阶组成一个单元，每隔两个安全平台设置一个清扫平台。

值得注意的是，随着采场开采深度的增加和边坡角的减缓，剥岩将急剧增加，从经济效果看，边坡角应尽可能加大。然而，陡边坡虽然可带来较好的经济效益，但往往会导致严重的滑坡事故，乃至破坏生产。从安全角度考虑，应尽可能减缓边坡角。因此，综合考虑经济与安全因素，是合理选取边坡角的基本原则。

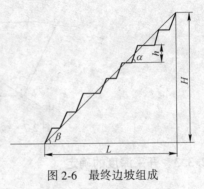

图 2-6　最终边坡组成

C　安全平台、清扫平台和运输平台宽度的确定

安全平台的作用是缓冲和阻截滑落的岩石，一般为台阶高度的 1/3。

当实行多台阶并段时，其安全平台宽度一定要大于并段后台阶总高的 1/4。安全平台宽度不应小于 3m。

清扫平台必须保证清扫设备的通路，宽度取决于清扫设备的作业和行走宽度。应根据清扫方式及采用的设备规格和型号确定。每隔 2 个或 3 个安全平台应设置 1 个清扫平台，人工清扫时，清扫平台宽度不应小于 6m；机械清扫时，清扫平台宽度应按设备的要求确定，但不应小于 8m。当台阶并段，留有一个安全平台的边坡结构时，一般每隔 1~2 个安全平台设置一个清扫平台，其宽度视采用的清扫设备而定。整个矿山，允许 2~3 个台阶并段，但不应大于 3 个台阶并段。

运输平台的宽度应按运输方式、车型、线路数目而定，并应符合不同等级矿山道路的设计规定。运输平台的具体位置应根据开拓系统的运输线路而定。运输平台的宽度，参照铁路运输、汽车运输有关规定或参照表2-5选取。

表2-5　运输平台最小宽度表

运输方式 布线方法	准轨铁路 /m	窄轨铁路 /m	30~45t 汽车 /m	75~85t 汽车 /m	100t 汽车 /m
单车道	8	6	10	12	15
双车道	13.5	10	17	18	23
会让站	14	12			

如平台上设置排水沟时。其宽度应考虑排水沟的技术要求。

D　缓倾斜矿体的最终边坡角

对缓倾斜矿体，若边坡角大于矿体倾角，则最终边坡角应按矿体倾角计，即边坡沿矿体下盘布置，以便充分采出下盘矿石，如图2-7所示。

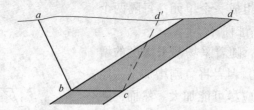

图2-7　缓倾斜矿体下盘的边坡角

2.3.3　开采深度的确定

开采深度是根据某种剥采比小于等于经济合理剥采比来确定的，$n_J \le n_{JH}$ 原则采用最为广泛，因此需要掌握境界剥采比计算方法。

2.3.3.1　境界剥采比计算方法

根据矿体埋藏条件，可分为长露天矿和短露天矿两种情况进行境界剥采比的计算。

A　长露天矿的境界剥采比计算方法

对走向长度大的倾斜、缓倾斜矿床，一般按地质横剖面图计算境界剥采比。计算方法有面积比法和线比法，线比法比较简单，应用广泛。

a　线比法

对于倾斜矿床（如图2-8所示），境界剥采比的求法：

（1）在地质横剖面图上作通过境界深度 H 和 $H-\Delta h$ 的水平线，通常取 Δh 等于台阶高度。

（2）按照选取的最终边坡角和露天底宽，绘出深度 H 和 $H-\Delta h$ 的底（BC、$B'C'$）以及顶底盘边坡线（AB、CD）。

（3）矿山工程由 C' 降到 C。连接开采深度为 H 和 $H-\Delta h$ 的坡底线 $C'C$ 作为方向线。

（4）通过地表境界点 A、D 和边坡线与矿体交点 E、F、G、H、I、J，分别作 $C'C$ 的平行线与深度为 H 的水平线相交于 A'，D'，E'，F'，G'，H'，I'，J'。

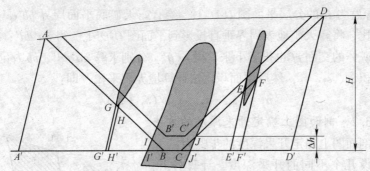

图 2-8　线比法求境界剥采比

（5）计算境界剥采比 n_j。

$$n_j = (A'G' + H'I' + J'E' + F'D')/(G'H' + I'J' + E'F') \tag{2-9}$$

如图 2-9 所示，对于缓倾斜或近水平矿体，境界剥采比的求法可简化为：

$$n_j = AB/BC \tag{2-10}$$

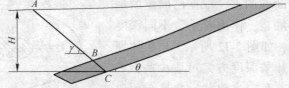

图 2-9　线段比法计算缓倾斜矿体的境界剥采比

b　面积比法

如图 2-10 所示，在地质横剖面图上作通过境界深度 H 和 $H-\Delta h$ 的水平线，常用 Δh 等于台阶高度。按照确定的露天矿底宽和顶底盘边坡角，绘出开采境界线，量出矿岩面积增量 ΔS、ΔS_1 和 ΔS_2，计算境界剥采比：

$$n_J = (\Delta S_1 + \Delta S_2)/\Delta S \tag{2-11}$$

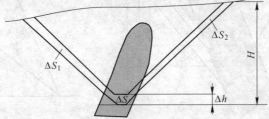

图 2-10　面积比法求境界剥采比

B 短露天矿的境界剥采比计算方法

走向长度短、深度大的露天矿，端帮剥离量占比较大，用地质横剖面图不能正确确定矿床境界剥采比，可应用平面图法确定，其步骤如下：

图 2-11 中 I–I 横断面图上 $abcd$ 表示露天开采境界，顶帮边坡线交分支矿体 e、f。在深度为 H 的分层平面图 O-O' 上，绘有露天矿底平面周界 $bb'cc'$。为了求境界剥采比，将露天矿地表周界垂直投影到平面图 O-O' 上，得 $aa'dd'$；再将边坡面与分支矿体的交面 ef 也投影下来，得 $ee'ff'$。分别求算 $aa'dd'$、$bb'cc'$ 及 $ee'ff'$ 三部分的面积 s_1、s_2、s_3，然后用面积比法计算境界剥采比，即：

$$n_J = (s_1 - s_2 - s_3)/(s_2 + s_3) \tag{2-12}$$

2.3.3.2 剖面图上确定开采深度的方法

在某剖面图上确定开采深度的步骤为：

先拟设几个不同的开采深度，计算各开采深度的境界剥采比，做出深度-剥采比的回归曲线，求出等于经济合理剥采比时对应的深度值，这个深度值就是该剖面的理论开采深度。

以 $n_J \leqslant n_{JH}$ 原则为例，具体做法如下：

（1）在某横断面图上，根据已确定的最终边坡角和最小底宽，作出若干个不同深度的开采境界方案，如图 2-12 所示。当矿体埋藏条件简单时，开采深度方案可取少些；矿体复杂时，深度方案应多取些，并且必须包括 n_J 有明显变化的深度。

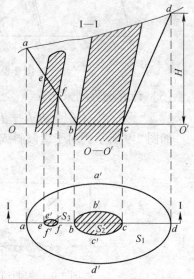

图 2-11 求 n_J 的平面图法

当断面与采场走向斜交时，图上的边坡角应该用伪边坡角，如图 2-13 所示。伪边坡角换算公式为：

$$\tan\beta' = \tan\beta \cdot \cos\delta \tag{2-13}$$

式中 β'——斜交断面图上的伪边坡角；

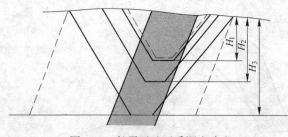

图 2-12 长露天矿开采深度确定

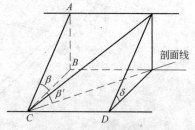

图 2-13 伪边坡角计算

β——选定的实际边坡角；

δ——正交横断面与斜交断面在平面上的夹角。

（2）计算各深度的境界剥采比。

（3）将各方案的境界剥采比与开采深度绘成 $n\text{-}H$ 关系曲线，再绘出代表经济合理剥采比的水平线，两线交点的横坐标 H_J，就是该断面上的理论开采深度，如图 2-14 所示。

值得注意的是：

在确定某开采深度露天境界底时，若矿体厚度小于最小底宽，则底平面按最小底宽绘制；若矿体厚度比最小底宽大得不多，底平面可用矿体厚度为界；若矿体厚度远大于最小底宽时，常按最小底宽作图，这时露天境界底位置不易确定，需要考虑：

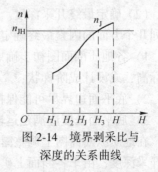

图 2-14　境界剥采比与
深度的关系曲线

（1）使境界内的可采矿量最大而剥岩量最小；

（2）露天矿底宜置于矿体中间，以避免地质作图误差所造成的影响，使可采矿量最可靠；

（3）根据矿石品位分布，使采出的矿石质量最高；

（4）根据矿岩的物理力学性质调整露天矿底的位置，使边坡稳固并且穿爆方便。

总的原则是"多采矿、采好矿、少剥岩"。矿体厚度远大于最小底宽的情况下，也可以先按矿体厚度作图，然后继续向下无剥离地采矿，直至最小底宽为止，如图 2-15 所示。

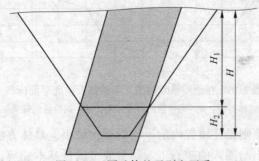

图 2-15　厚矿体的无剥离开采

H_1—最初确定开采深度；H_2—无剥离开采的深度；H—最终的露天开采深度

2.4　底部周界的确定

长露天和短露天底部周界的确定有些不同，但原理相同，这里只以长露天为例进行叙述。

长露天矿走向很长，有时变化比较大，要在空间上完全控制住境界，必须在各个地质横剖面图分别求理论开采深度，然后放在纵断面上进行整体调整，确定最终深度，并圈定底部合理周界。步骤如下：

（1）确定各横剖面的理论开采深度。按 2.3.3.2 的方法在各横断面图上初步确定理论开采深度；

（2）确定最终开采深度。根据地质剖面图初步确定露天开采深度后，再考虑下列几个方面的因素最终确定底平面：

1）各地质剖面图初步确定的露天开采深度不一定在同一标高，应调整为同一标高，或设计成阶梯状；

2）底平面边界尽可能保持平直，弯曲处应满足运输线路对曲线半径的要求；

3）底平面长度应满足运输要求。

在地质纵断面图上调整露天底标高。在各地质横断面图上标上初步确定的理论开采深度，由于各断面上矿体埋藏条件、矿体厚度和地形都不同，所得的深度也大小不一。连接各深度点得出一条不规则的深度折线，如图 2-16 中的虚线。为了有利于开采和布置运输线路，露天底应调整成同一标高。当矿体埋藏深度沿走向相差较大，而且深部长度又能满足开拓运输布线要求时，露天底可调整成梯段形，即多个底。

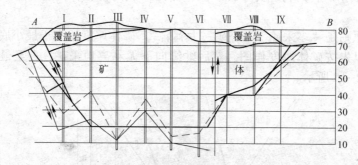

图 2-16　在地质纵断面图上调整露天矿底平面标高
——矿体界线；---调整前的开采深度；——调整后的开采深度

调整露天底的原则是使境界内的平均剥采比最小，具体方法是尽量少圈岩石多圈矿石，并使圈出与圈入的矿石工业储量或金属量基本相等，必要时还要在有关的横断面进行分析和验算。图 2-16 中的粗实线便是调整后的开采深度。

（3）圈定露天矿底平面周界。

1）各横剖面的底部周界位置的确定。按调整后的开采深度，在露天底平面图上各剖面线上确定底部位置，每个剖面一般得到两个点。

2）确定端帮位置。实质是在走向上确定露天开采境界，以便减少露天矿两个端帮岩石量对露天开采经济效果的影响。也就是按端帮 $n_J \leqslant n_{JH}$ 的原则，把不符合要求的少量端部矿体及其相应的大量端部岩石圈出开采境界。

图 2-17 为纵断面图。图中（a）中，k 为矿体走向末端位置，b 为能满足上述原则要求的端帮坡面位置，L_y 为圈出的端部矿体长。

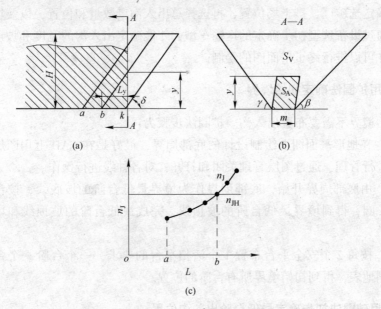

(a)　　　　　　　　(b)

(c)

图 2-17　端帮位置确定

端帮境界剥采比等于端帮在垂直面 $A\text{-}A$ 上的岩石投影面积 S_V 与矿石投影面积 S_A 之比（见图 2-17（b））。

确定端帮位置的方法，可用方案法。即选定若干个端帮位置方案，如图 a、b…等，然后分别求出其端帮境界剥采比，绘出 n_J 曲线与 n_{JH} 水平线，两线交点即为所求的端帮位置，如图 2-17（c）所示。

对于极长的矿体沿走向圈定开采境界时，则不必去掉矿体两个端部的圈出长度，可直接由矿体端部圈定。在这种情况下，端帮内的矿岩量不会超过全部矿岩的计算误差。

将确定的端部点位置投影到底部平面图上，即底部周界在端部的位置。

3）连成底部周界。将 1）、2）得到的点连成一条圆滑的线，这条线即是底部周界。底部周界要平直，弯曲部分要满足运输线路曲线半径要求；底部长度要满足设置运输线路的需要，如图 2-18 所示。

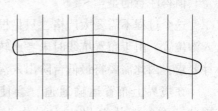

图 2-18　露天矿底部周界的确定

2.5　露天矿开采终了平面图的绘制

绘制露天矿开采终了平面图的过程比较复杂，与其他章节有紧密联系：

先确定选矿厂、排土场位置，再选择总出入沟口数量和位置，以及坑线布置形式，通过设备选型初步确定的运输车型，才能确定出入沟的宽度和坡度。有了这些，才可以进行终了平面图的绘制。

2.5.1　用扩圈法确定初始境界

初始境界不需要布置出入沟。扩圈法步骤为：

（1）在地形平面图上绘制设计的底部周界，最好是在 CAD 上用图层管理对各种线进行管理，通过图层管理关闭和打开，对各种线进行操作。

（2）由底部周界开始，底部周界作为境界最低台阶的坡底线，按台阶坡面角外扩一圈，得到境界最低台阶的坡顶线，完成最低台阶的坡顶线和坡底线的绘制。

（3）按每 2 个安全平台布置 1 个清扫平台的要求，一个台阶一个台阶地外扩，直到地表，得到初始境界所有台阶的位置。

2.5.2　用破圈法初步确定最低台阶出入沟位置

确定方法为：

（1）通过第 9 章（排土）和第 7 章（总图）确定选矿厂、排土场位置，再通过第 3 章（开拓）选择总出入沟口数量和位置。

（2）在 2.5.1 小节中确定好的初始境界上布置总出入沟口。

（3）根据布置坑线的实际展线条件，可以灵活采用直进式、折（回）返式、螺旋式等方式，在初始境界上从总出入沟口开始，从上往下将每个台阶破开，布置各台阶的出入沟（这个方法叫破圈法），直到最低台阶，得到最低台阶出入沟位置。实际上，这个过程也确定了境界内坑线的布置形式。

值得注意的是：

这个过程不需要太严格，只是根据坑线的展线情况，粗略地得到最低台阶出入沟位置。由于布置坑线时未考虑转弯半径、纵坡、缓和曲线等太严格的道路设计要求，因此需要将最低台阶出入沟位置适当延长偏移一点。

在境界上布置运输通道，会使整个边坡变缓，使原设计的境界底偏移。因此，不可能从总出入沟口由上往下逐个台阶布置运输道路，得到最终境界。

2.5.3 确定最终境界平面图

通过 2.5.2 小节确定了最低台阶出入沟位置和境界内坑线的布置形式。

需要从境界最低台阶按照其出入沟位置重新确定以上每个台阶的位置，采用扩圈法绘制。

扩圈法确定最终境界步骤与 2.5.1 方法相近，只是多一个布置各台阶出入沟（斜坡道）的环节，同时需要考虑转弯半径、缓和段等道路设计要求。

（1）在地形平面图上绘制设计的底部周界和底部出入沟（斜坡道）位置。

（2）按最终边坡组成要素（台阶高、坡角、平台宽）、开拓系统的要求布置开拓运输线路，还需要考虑防排水工程（如台阶上水沟的布置），每 2 个安全平台布置 1 个清扫平台，一个台阶一个台阶由内而外（标高是由下而上）依次绘出各台阶坡底、坡顶线、台阶坡面和平台。绘制时，要注意斜坡道和各台阶的连接，如图 2-19 所示。处在地表以上的台阶坡底线不能闭合，要使其末端与相同标高的地形等高线密接。

（3）检查、修正上述露天境界。绘制完露天矿开采终了平面图后，以此平面图为准，修正各横断面的境界，使平面图与断面图一致。个别情况下，当布置开拓运输线路后边坡变化较大时，应检查最终境界的合理性，即境界剥采比或平均剥采比是否超过经济合理剥采比，并修正。

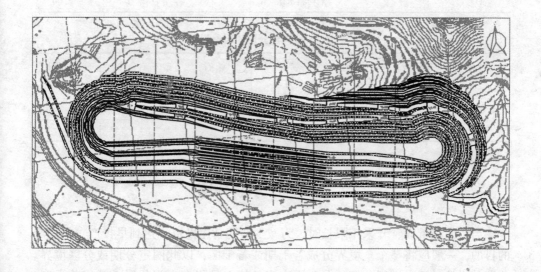

图 2-19　某露天矿终了境界图

2.6　境界圈定结果表

计算并填写境界圈定结果表和境界内分层矿岩量表，见表 2-6 和表 2-7。

表 2-6　露天境界圈定结果表

序号	项　　目	单位	指标
1	境界尺寸：上口（长×宽）	m	
2	境界尺寸：下口（长×宽）	m	
	最终边坡角		
3	下盘	(°)	
	上盘	(°)	
	端帮	(°)	
4	境界最高标高	m	
5	封闭圈标高	m	
6	露天底标高	m	
7	边坡垂高（按封闭圈计）	m	
8	境界内矿石量	万 m³	
9	境界内岩量	万 m³	
10	总量	万 m³	
11	平均剥采比	t/t	2.00

表 2-7　境界内分层矿岩量表

水平 /m	矿石 /m³	岩石 /m³	矿石 /t	岩石 /t	矿岩合计 /m³	分层剥采比 /m³·t⁻¹

2.7　境界分期分区

当矿床储量大、开采年限长时，为减少初期基建投资，达到早投产、早达产的目的，一般应将整个全境界分成若干期或若干区，以此圈定分期或分区境界。分期是指从时间上进行分期；分区更突出的特点是指在空间位置上分成若干区，实际上在时间上也有先后，也是若干期。因此，分期、分区也可统称为分期。

2.7.1 露天矿分期开采的条件和原则

在已确定的开采境界内，人为地划定一个小的临时开采范围，作为初期开采境界进行开采；以后还可以根据需要和可能继续划分若干期。前一期临时境界的平面尺寸和开采深度均小于后一期，每一期境界的平面尺寸和开采深度小于最终开采境界。这就是分期开采。分期开采的根本目的，是为了获得较好的经济效果，特别是初期的经济效果。

可以考虑分期开采的条件是：

（1）最终开采境界内的储量大，服务年限在40~50年以上的矿山。

（2）分期开采的经济效益好，投产早，达产快。

（3）矿床埋藏条件变化大、开采技术条件较差的矿山。可以先开采条件较好的地段，如矿体较厚、矿石质量较好、地形条件有利、覆盖层薄、剥采比小的地段等。

（4）在某些特定条件下，如采场内有剥离量很大的高山，有需要迁移的地表水体和重要交通线路，有需要报废和搬迁的重要建筑物等。为了推迟它们的剥离、迁移、报废、搬迁时间，也可以采用分期开采，使它们在开采初期免受影响。

（5）有的矿山受勘探程度的影响，开始只能按已探明的工业储量确定开采境界进行生产，随着探明储量的加大，逐步扩大开采范围。

（6）露天开采第一期境界的生产年限（指开始过渡以前的时期）应不小于10~15年，矿山应尽可能实现稳步过度。对于采用分期（区）开采的矿山，必须在第一期开采设计的同时作出详细的分期过渡设计。

（7）露天矿过渡期间的生产剥采比不应超过经济合理剥采比，并力争与第一期生产剥采比不要相差过大。

（8）露天矿过渡期间，矿山生产量不应降低。

根据分期开采的具体技术特征，可归纳为长分期和短分期两种分期方式。

2.7.2 长分期开采

长分期开采的特点，是在最终开采境界内分期的次数比较少，每个分期时间比较长，前后期衔接有一个比较长的过渡期。一般用于储量较大、开采年限较长的露天矿。

图2-20是长分期开采横剖面示意图，它采用水平台阶、沿矿体上盘降深、沿走向布置工作线、垂直走向两侧推进、纵向工作帮、台阶独立作业。$ABCD$ 为第一期开采的临时境界，开采深度为 H_1；$EFGD$ 为最终开采境界，开采深度为 H_2；φ 为工作帮坡角，β 和 γ 为最终边坡角；$AHIJD$ 为由第一期开采向第二期开

采过渡时的第一期开采状态，开采深度为 H_0，AH 为当时形成的临时非工作帮；开采深度由 H_0 降到 H_1（即由 IJ 降到 BC），为由第一期转入下一期开采的过渡期。过渡期结束时的工作状态为 CBK，过渡期的采剥量为 $AHIJCBKE$。第二期的生产工作从 CBK 开始向下按实际条件进行安排。显然，面积 $AHME$ 即为分期开采比全境界开采在开采深度下降到 H_0 时少剥离的剥岩量。这是分期开采推迟剥离的经济效果。由于推迟剥离的岩石量要在过渡期内剥除，造成过渡期的生产剥采比加大，往往是整个露天生产期间的最高值，转入第二期生产后，剥采比则显著下降。全境界开采与分期过度开采生产剥采比的发展变化趋势对比如图 2-21 所示。

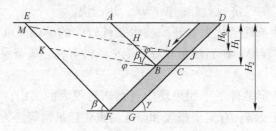

图 2-20　长分期开采

图 2-21 中，$ABCD$ 为矿石产量发展曲线，$AEFG$ 为第一期临时境界终了时的岩石采出量发展曲线，$AEFHIJKD$ 为分期开采全过程岩石采出量的发展曲线，$ALMNKD$ 为全境界开采时的岩石采出量发展曲线，$EFPL$ 为分期开采全境界开采相比较第一期缓剥的岩石量，这部分缓剥岩石量大约推迟了 10 年左右，需要在过渡时期内采出，即图中的 $HPMNJI$，形成了过渡时期的剥离洪峰。

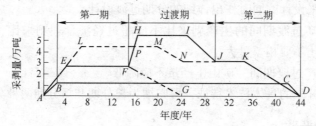

图 2-21　长分期与不分期开采采剥量发展曲线

从图 2-20 还可以明显看出，为了保证露天矿持续生产，必须在第一期生产的中后期，即开采深度达到 H_1 以前就要开始过渡。如果在 H_1 时才开始过渡，则只有剥离岩石 $ABKE$ 以后才能形成第二期的正常开采状态 CBK，造成矿石生产减少或停顿，即所谓停产过渡或减产过渡。一般情况下，这是不允许的。因此，所谓第一期境界，只是一个实际不允许出现的假想境界，圈定这个境界的目的，在于指导露天矿第一期和过渡期的生产。

综上可以看出，第一期临时开采境界的划定，决定于 H_0、H_1、β、φ 和过渡期时间的长短等。它们直接影响第一期缓剥岩量及生产剥采比的降低值和过渡期中剥岩量及生产剥采比增加值，这些是决定分期过渡开采技术可能性和经济合理性的重要参数，必须妥善解决。

2.7.3 短分期开采

短分期开采又称倾斜条带的扩帮开采。与长分期开采比较，特点是分期的次数多，每一期的开采时间短，每一期生产在水平方向的扩帮宽度和垂直方向的下降深度小。因此各期之间的衔接关系更加密切，为保证生产的正常衔接，一般要提前一期或两期进行剥岩。图 2-22 是两种不同埋藏条件的分倾斜条带扩帮开采的剖面示意图。

图 2-22（a）分七期开采，在矿山基建时期，除完成面积 ABRS 的剥离以外，还应完成第 I 期剥离范围内的面积 SRCD 的剥离，其剥离深度为 H_0；然后进行第 I 期生产，其开采范围为 BEFC。在第 I 期开采进行的同时，进行第 II 期的部分扩帮剥岩，其范围为面积 DFGH。第 I 期开采和上述第 II 期的部分剥岩同时结束，然后转入第 II 期开采，其范围为 EJKG；与此时同时进行第 III 期开采的部分剥岩，其范围为 HKLM。按此循环下去，直至整个采场开采结束。

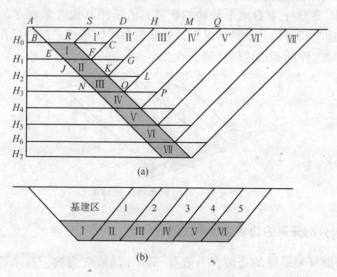

图 2-22 分倾斜条带的扩帮开采剖面示意图
（a）倾斜矿床；（b）缓倾斜或近水平矿床

每一期开采时间的长短，应根据矿山的具体条件和每一时期的特定要求确定，各期时间的长短也不一定相等，不过时间不应过长，一般为 1~3 年。各期的采剥工程衔接都要通过具体编制采剥进度计划确定。设计工作中拟定分期方案时，可以参考如下步骤进行近似试算：

（1）分期时间和各期开采的矿石量

$$P_n = A_n T_n \qquad (2-14)$$

式中　P_n——第 n 期开采的矿石量，m^3；

A_n——第 n 期开采时的年产矿石量，m^3/a；

T_n——第 n 期的开采年限，a。

（2）各期开采的下降深度

$$H_n - H_{n-1} = P_n/(B_n L_n) \qquad (2-15)$$

式中　H_n——第 n 期开采的降深位置，m；

B_n——第 n 期开采期间矿体平均宽度，m；

L_n——第 n 期开采期间矿体的平均长度，m。

（3）各期的扩帮剥岩范围。根据各期的开采深度，确定各期的剥岩开采范围，如图 2-22（a）中第 Ⅱ 期的扩帮剥岩界线为 KH，第 Ⅲ 期的界限为 OM，等等。

从图 2-22 中还可以看出，采用分倾斜条带短分期开采，只有倾斜条带间的边坡倾角较陡时，才能显示出较好的经济效果。宜采用横向工作帮，一般采用技术可能的最大倾角。

对于如图 2-23 上下盘地形较陡的矿体，若采用其他开采程序，则基建剥离量特大、基建时间特长。这种情况下，分倾斜条带扩帮开采最为适用；缺点是对生产组织管理工作的要求比较严格。

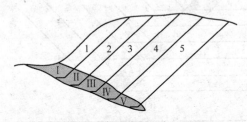

图 2-23　分倾斜条带扩帮开采

2.7.4　露天分期开采的边坡设计需注意的问题

（1）分期开采采场的边坡，一般有一部分是最终边坡，其余部分为临时边坡，有时全为临时边坡。

（2）分期开采采场临时边坡的台阶坡面角及运输平台宽度的选定与上述原则相同。为了给将来扩帮创造有利条件，除运输平台及接渣平台外，其余平台宽度一般均为 10~15m。另外，为确保扩帮时下部采矿平台的安全，在临时边坡上，每隔 60~100m 高度需设置一个 25~40m 宽的接渣平台，以截住上部扩帮平台掉下来的滚石。

3 矿床开拓

3.1 设计任务与内容

矿床开拓包括：建立从地表至工作水平的运输通道以及采场与受矿站、排土场和工业场地的运输联系，并及时准备出新的工作水平。露天矿床开拓是设计中至关重要的环节，与境界圈定、道路运输、设备选型、进度计划编制、总图等有着紧密联系。主要应了解和掌握以下内容：

(1) 了解开拓方法的分类及各开拓方法的评价及开拓方式选择方法，选择合理的开拓方式；

(2) 掌握出入沟口位置及境界内坑线布置形式选择方法，结合总图、境界圈定内容，确定总出入沟口位置、开拓坑线布置；

(3) 掌握道路设计方法，完成矿山开拓平面图设计；

(4) 掌握新水平准备掘沟工程方面的内容。

3.1.1 毕业设计说明书

根据设计的具体内容，本章的标题为"矿床开拓"，可分为 3 个小节：

(1) 开拓方法的选择。主要描述选择开拓方案的原则及影响因素，选择合理的开拓方式。

(2) 境界内坑线的布置设计。结合境界圈定、总图内容，确定总出入沟口位置及境界内坑线布置形式，完成境界内坑线的设计。

(3) 矿山开拓平面图设计。主要完成矿山开拓线路设计，包括定线设计、道路参数选择，绘制 1 张矿山开拓平面图。

3.1.2 应注意的问题

(1) 矿山开拓平面图是设计由总出入沟口到境界内各山头至制高点的道路，图中包括地形线、开拓线路；

(2) 矿山开拓平面图绘图严格按第 12 章中介绍的制图规范绘制，比例根据采场实际选用 1∶1000 或 1∶2000。

3.2　开拓方案的选择

开拓方式与露天矿的技术经济指标的优劣紧密相关，它直接影响着矿山的基本建设工程量、基建投资、矿山投产和达产期限，此外还影响着矿山的生产能力、矿石损失、贫化指标和矿石成本等。开拓系统一旦建成，将较长期使用，不宜经常改变。因此，正确选定合理的开拓方式是十分重要的。

3.2.1　开拓方法分类

如果露天矿同时以山坡和凹陷形式存在，开拓方法可分为上部开拓和深部开拓。

露天矿开拓的分类通常以运输方式为主，并结合开拓坑道的具体特征来划分，可以分为单一开拓和联合开拓两大类。

3.2.1.1　单一开拓方式

A　公路开拓

公路开拓也称汽车开拓，与铁路开拓相比，沟道坡度大，展线短，掘沟工程量小；基建时间短，基建投资少；沟道布置可适应各种地形条件，机动灵活；分采分运方便，有利于选别开采。汽车配合电铲装运矿岩，能充分发挥电铲效率；采场可设置多出入口，有利于空车与重车分道行车，运输分散，运输效率较高；最小工作线长度短，能适应各种开采程序的需要，可采用无段沟或短段沟开拓新水平，缩短新水平服务时间，减少掘沟工程量；对于分期开采的矿山，易实现扩帮过渡，扩大采场；便于采用移动坑线，加速露天矿的新水平准备，有利于强化开采；可适当加陡工作帮坡角，提高露天矿的生产能力，易实现均衡生产剥采比；便于采用高、近、分散的排土场。可以说，公路开拓是万能的开拓方式，但也存在运输成本较高、运距受到限制的缺点。

单一公路开拓适用于以下场合：（1）矿体赋存条件和地形条件复杂；（2）矿石品种多，需分采分运；（3）矿岩运距小于3000m。

B　铁路开拓

铁路开拓是一种运输能力大、运营费用低、设备及线路结构坚实、工作可靠、易于维修、作业受气候条件影响小的开拓方式，在我国大中型露天矿中广泛应用。

铁路开拓在线路的平面曲线及纵向坡度上要求严格，线路坡度小、曲率半径大、展线长，因此，掘沟工程量大、基建工程量大、建设时间较长，对矿山工程发展有一定制约；另外，铁路运输设备的投资较多，日常生产中的线路移设、维修工程量大，运行管理复杂，工作帮推进速度慢，新水平开拓延深工程缓慢，灵活性较差；在凹陷露天矿用折返沟道开拓时，随开采深度的下降，列车在折返站停车换向次数增加，影响运输效率。

因此，铁路系统是很复杂的。目前单一铁路运输开拓方法的使用逐渐减少，特别是在深凹露天矿，已成为一种不合理的开拓方式。

铁路开拓适用于：

(1) 露天坑坑底长轴方向大于1000m，边坡较规整，年采剥总量大于20Mt；

(2) 排土场运距大于5000m，比高或采深小于200m，采场至排土场、选厂之间适宜铁路布线；

(3) 采场总出入沟口地形开阔，能布置铁路编组站。

3.2.1.2 联合开拓

联合开拓分为以下4种方式。

A 铁路、公路联合开拓方式

公路开拓能加速露天矿新水平准备，提高新水平延深速度，强化矿山的开采；而铁路开拓适于运距长、运量大的露天矿山，运费较低。把具有运输成本低、适于长远距和大运量的铁路运输与运行灵活、基建投资少的汽车运输相结合，充分发挥两者的优点，取长补短，已成为露天矿常用的开拓方式。

矿山建设初期，可以采用单一的汽车或铁路开拓方式，也可以铁汽并用，加快建设速度。随着矿山工程的发展，矿山平面尺寸增大，深度增大，铁路可以变为固定线路系统。此时上部水平用铁路运输，下部水平尺寸较小，采用汽车开拓。在采场内，汽车把矿岩转载入铁路车辆，用铁路运往排土场和矿石破碎站，形成联合开拓。铁汽联合开拓适用于大型深凹露天矿。

铁汽联合开拓与单一铁路或公路开拓相比有下列优缺点：

(1) 优点。

1) 在采场深部水平使用汽车运输，机动性高灵活性大，能加快掘沟速度，减少新水平准备时间，加大矿山生产能力，提高电铲效率，改善矿石和矿岩分采效果；免除铁路运输复杂的移道工作和改善工作组织，提高铁路运输能力。

2) 在采场上部固定线使用铁路运输，缩短了汽车运距，降低了汽车运营费用，提高了汽车的生产能力和技术经济效果。

(2) 缺点。两种运输方式同时存在，比单一方式工艺复杂，并需安设转载设施。

B 胶带联合开拓方式

随着露天开采的不断延深，受开采技术条件的变化和矿岩自然因素的影响，导致矿山生产能力不断下降，矿石成本不断增加。下部可以采用汽车，中间接以胶带机或提升机，上部及地表再接以胶带机或铁路、公路运输，组成间断连续运输的开拓方式。

胶带联合开拓方式生产能力大，爬坡能力强、运费低，能强化开采作业，也是露天矿广泛应用的一种开拓方式。

采用胶带机开拓虽然初期投资高，在使用胶带运输前需预破碎，破碎机站移设工作较复杂，但总体上生产费用低，成本受开采深度影响小。当开采深度未超过 150m 时，单一汽车运输与间断-连续运输的费用大致相等；当开采深度超过 150m 时，单一汽车的运输费用急剧增加，每延深 100m，费用就增加 50%，而胶带机运输费用增加的不多，每延深 100m 只增加 5%~6%。

胶带联合开拓的主要特点为：

(1) 自动化程度高，操作简单，维修方便，生产能力大，劳动生产率比公路运输高 1~3 倍，比铁路运输高一倍；

(2) 升坡能力大，可达 16°~18°，特殊构造的输送机可达 45°，节省基建工程量。地形复杂时比铁路开拓适应性强；

(3) 运输距离短，克服同样高程，运距约为公路的 1/4~1/3，铁路的 1/10~1/5。

(4) 采用胶带开拓时，电铲效率显著提高，与铁路开拓的电铲效率相比，可提高 25%~30%。

(5) 分期开采的矿山，扩帮过渡剥离岩石时，采用电铲-移动破碎机-胶带运输工艺，可强化剥离工作；

(6) 节省能耗；

(7) 对矿岩块度有一定要求，矿岩进入输送机前需要预先破碎；运送棱角锋锐的矿岩，胶带磨损较大；

(8) 敞露的胶带运输机受气候条件影响，需安设运输机通廊或使用防冻的胶带。

胶带联合开拓作为露天矿联合开拓方式的组成部分，如露天矿深度很大，单一公路、铁路开拓或铁路公路联合开拓不适宜时，可采用汽车(铁路)-半固定破碎机-胶带联合开拓。

矿岩年运量大于 3Mt、汽车运距大于 3000m 时，可采用公路-破碎站-胶带开拓。

采用公路-破碎站-胶带开拓，胶带机的输送能力应与破碎站、给料机等供料设备能力相适应。采场内，固定式胶带机宜布置在非工作帮上；条件不允许时，可布置在斜井中；条件具备时，宜使用大倾角带式输送机。

C　斜坡提升机道开拓方式

斜坡提升机道开拓是以较陡的开拓通道，建立工作面与地表的运输联系。提升容器有箕斗和串车等。它不能直达工作面，需与汽车或铁路开拓等共同构成完整的开拓系统。斜坡提升机道开拓是中小型、高差大的露天矿的一种有效开拓方式，曾得到广泛的应用。

　　常用的斜坡提升机道开拓方式有斜坡箕斗、斜坡串车和重力卷扬三种。

　　a　斜坡箕斗开拓

　　斜坡箕斗开拓是以箕斗为提升容器的斜坡提升机道开拓方式，采场内用汽车或铁路运输，地面用汽车、铁路或胶带输送机运输，斜坡箕斗在受矿或卸矿点均需转载。箕斗系统有单斗与双斗之分，根据矿山产量及同时工作水平数选取，小型矿山可采用单箕斗系统；大中型矿山产量大，多采用双箕斗系统。

　　斜坡箕斗开拓的主要特点为：

　　（1）设施简单，工作可靠，维修简便；

　　（2）能以最短的距离提升或下放矿岩，克服大的高差，缩短汽车或铁路的运距，节约能耗，降低成本，减少基建投资，并可减少工作人员和降低材料消耗；

　　（3）箕斗提升的提升角度较大（25°~40°），在深凹露天矿应用可减少运输线路工程量，加大采场最终边坡角，减少露天矿境界的扩帮量；

　　（4）与胶带运输机相比，不需矿岩破碎工作，能直接提升大块矿岩；

　　（5）可适应多品种物料提升，标高不同的上、下工作面可同时出矿；

　　（6）随着开采水平的下降，箕斗道要不断延深，为使延深与提升机的正常生产作业互不干扰，每套提升设备要配置两台翻卸设备，一台移位，另一台仍能使用，交替延深；

　　（7）运输环节多，增加了箕斗受矿和箕斗卸矿的环节，衔接点相互制约较大，影响生产能力；

　　（8）转载站结构庞大，栈桥工程量大，移设困难；矿仓结构复杂，矿仓闸门如关不严，容易跑矿；

　　（9）寒冷地区，矿岩含水较多时，矿岩易冻在箕斗箱上不易卸净。

　　b　斜坡串车开拓

　　斜坡串车开拓是以串车为提升容器的斜坡卷扬机道开拓方式，可提升或下放矿岩，适用于采场内使用窄轨铁路运输的小型露天矿，提升或下放垂高以100m左右为宜。

　　在山坡露天矿，卷扬机一般应布置在采场外；露天采场为孤立山包时，卷扬机道只能设在采场内，此时卷扬机房应布置在采场外的底部，采用倒提升的方式。

　　在一条斜沟中最好只布置一台卷扬机。如果要布置两台卷扬机，两台卷扬机的线路在延深时会互相干扰，当两套线路提升和延深同时进行时，下水平作业安全受到威胁。

　　采场内采用多台卷扬机作业时，应尽量避免架设横跨卷扬机道的栈桥；无法避免时，可用局部留岩柱的方法代替栈桥，也可以完全采用暗斜井的方式。

　　c　重力卷扬

　　重力卷扬是利用重力作用下放重车并带上空车的斜坡提升方式，适用于小型山坡露天矿。采场内一般采用人推车或自溜滑行。每台重力卷扬一般只完成一个阶段的下放任务。当露天矿为多段作业时，每个阶段可设一台专用重力卷扬。

斜坡提升机道的适用条件为：

（1）地形复杂、高差较大的山坡露天矿；

（2）深凹露天矿，特别是面积较小、深度大的深凹露天矿；

（3）露天矿产量较小，提升机道所在的露天矿边坡岩体较稳定。

d　平硐溜井方式

平硐溜井开拓系统将工作面的矿岩运至溜井口卸载，沿溜井自重溜放，装入平硐内的运输设备，并运至卸载点。

平硐溜井开拓所用设备少，溜井的运距短，运营费低；但井壁易磨损，管理不当时易堵塞和跑矿；放矿时粉尘大，应加强通风，采取防尘措施。

平硐溜井（槽）开拓方式可应用于各种规模的山坡露天矿，露天矿年生产规模从几十万吨到几百万吨，有的达到近千万吨。系统由采场、平硐、地面的水平运输与溜井（槽）垂直或急倾斜重力运输组成。

我国采用平硐溜井开拓的露天矿绝大多数用于溜放矿石。

公路-平硐溜井开拓适用于高差大、地形复杂、溜井穿过的岩层工程地质条件较好的山坡露天矿。

平硐溜井位置应符合下列规定：

（1）平硐和溜井应布置在水文地质条件较好，中等稳固以上的岩体中，且矿石的总运输功最小。

（2）平硐位于露天采矿场下部时，平硐顶板至露天底的垂直距离，一般不得小于20m，平硐口的标高一般应在历年最高洪水位1m以上。

（3）采用公路-平硐溜井联合开拓运输方案时，宜将溜井布置在采矿场内，但溜井口不应处于露天坑的最低位置，防止雨水汇入溜井。当采场内存在空区或采场内矿岩条件不适宜布置溜井时，可将溜井布置在采场的出入沟口附近。

（4）溜井直径一般应等于或大于矿石最大块度的5倍，且不得小于4m。当矿石具有黏性时，直径应适当增大。溜井一般应采用垂直溜井。如采用倾斜溜井，倾斜角应大于60°。

（5）溜槽（井）上口设有碎矿装置时，应按设备要求设操作平台，平台宽不小于1m。

3.2.2　开拓方案选择的原则

选择开拓方案时，应遵循以下原则：

（1）工程量少，施工方便，工艺简单可靠，经济效果显著；

（2）不占良田，少占土地，并有利于改地造田；

（3）基建投资较少，特别要注重减少初期投资；

（4）生产经营费低，特别要注重减少初期的生产经营费；

（5）保证投产早，达产快。

3.2.3 影响开拓方式选择的主要因素

3.2.3.1 自然条件

自然条件：包括地形、气候、矿体埋藏条件（矿体倾角、埋藏深度、构造、覆盖层厚度、矿体形状及分布情况）、矿岩性质、水文及工程地质条件、矿床勘探程度及储量发展远景等。

（1）对矿体埋藏深度浅、平面尺寸较大的矿床，优先考虑采用铁路运输开拓；

（2）沿走向较长的层状矿体宜用直进-折返式铁路运输；

（3）开采范围不大而矿体长、宽相近的矿山，宜用汽车螺旋坑线开拓；

（4）山坡露天矿，若比高较大，且矿岩较稳固，应优先采用平硐溜井开拓运送矿石，并充分利用附近山坡作排土场，如南芬铁矿、镜铁山矿等；

（5）山坡较陡或埋藏深度大、平面尺寸较小的小型矿山，可采用重力卷扬开拓，如箕斗提升或斜坡串车提升，以节省电力，节省投资；

（6）矿石黏结性大、含泥多、溜放过程易堵塞的露天矿，一般不宜用溜井开拓；

（7）矿石易粉碎、粉碎后严重降低其价值者，如平炉铁矿和煤矿等，一般不宜用溜井运送；

（8）对矿石的质量要求很严格时，沟道位置及工作线的推进方向应考虑选别开采的要求，工作线由顶帮向底帮推进可减少矿石的贫化和损失，此时一般宜用公路开拓；

（9）用斗轮铲能直接挖掘的较软矿岩应采用连续开采工艺，宜采用胶带机开拓；

（10）对于深部勘探程度不够的矿床，不能确定露天采场的最终境界，宜采用移动坑线开拓。

3.2.3.2 开采技术条件

开采技术条件：包括露天开采境界尺寸、生产规模、工艺设备类型、开采程序、总平面布置及建矿前开采情况等。

（1）生产规模较大的露天矿，宜用准轨铁路或公路运输；而生产规模较小的露天矿，可用窄轨铁路或公路运输；

（2）采用铁路运输的凹陷露天矿，由于矿山深部境界尺寸变小，铁路展线困难，可从单一铁路开拓改为铁路-公路联合开拓；

（3）对建矿前已开凿地下井巷的露天矿，在考虑矿山开拓方式时，为了充分利用已有的井巷工程，常采用地下坑道开拓。

3.2.3.3　经济因素

经济因素：包括矿山建设的方针、政策、建设速度、设备购置费用及供应条件、矿岩运费等。

要求建设速度较快时，倾斜的矿床采用沿矿体顶、底板移动坑线开拓，可显著减少基建工程量并加快投产、达产时间。

决定露天矿开拓方式时应因地制宜，针对矿山具体条件，既要综合考虑各种因素，又要抓住主要影响因素进行合理选择。

主要开拓运输方法的适用条件及主要特点见表3-1。

表 3-1　主要开拓运输方法的适用条件及主要特点

开拓运输方式	适 用 条 件	主 要 特 点
1. 公路开拓运输	（1）地形条件和矿体产状复杂，矿点多且分散的矿床； （2）矿体薄、倾角缓，需要分采分运的矿床； （3）用陡帮开采工艺； （4）运距不长，一般在3km内，但对采用电动轮自卸汽车的大型露天矿，其合理运距可适当加大； （5）不适于泥质、多水和全松散砂层的露天矿，也不适于多雨或水文地质条件复杂且疏干效果不好、含泥量高的露天矿	（1）线路坡度大，转弯半径小，因而线路工程量少，基建时间短，基建投资少； （2）便于采用高、近分散排土场； （3）机动灵活，适应性强，可提高挖掘机效率20%~30%（与铁路运输相比）； （4）深凹露天矿可减少基建剥离量和扩帮量； （5）燃油和轮胎消耗量大，设备利用率低，运输成本高，经济运距短； （6）汽车排出废气污染环境（比铁路运输）较严重
2. 铁路开拓运输	（1）准轨铁路适用于地形和矿体产状简单的大型露天矿； （2）山坡露天矿比高可达200m左右； （3）深凹露天矿比高在160m以内，如采用牵引机组运输，可达300m深； （4）窄轨铁路适用于地形简单，比高较小的中、小型露天矿	（1）运输量大； （2）线路工程量大，基建投资多，基建时间长； （3）采场和排土场移道工作量大； （4）线路坡度小（比汽车公路），因此，采深受限制，一般为200~250m； （5）经济合理的运距长，一般在4km以上

开拓运输方式		适 用 条 件	主 要 特 点
3. 公路-铁路联合开拓运输		(1) 走向长、宽度和垂深均较大的深凹露天矿。其浅部用铁路运输，深部用公路运输； (2) 上部露天地形复杂，比高较大，中部露天采场较宽广，地形允许布置准轨铁路线，深部露天采场尺寸较窄小且高差大的露天矿，其上部及深部用公路运输，中部用铁路运输； (3) 地表地形平缓、平面尺寸很大的大型深凹露天矿，如山坡部分比高在 200m 以内，可优先考虑用外部堑沟的公路-铁路联合运输	(1) 充分发挥公路运输和铁路运输各自的优点，如汽车公路爬坡能力大，机动灵活，铁路运量大等； (2) 除小型矿山直接转载外，多数矿山一般均设置转载站（或转载矿仓）
4. 公路（或窄轨）-斜坡提升联合开拓	(1) 斜坡矿车组	(1) 地形比高在 100m 左右的中、小型露天矿，其提升量：单端提升<15 万 t/a，双端提升≤30 万 t/a； (2) 斜坡道倾角在 7°~25°范围内	(1) 设备简易； (2) 修筑斜坡道工程量少，基建时间短，易投资； (3) 人工摘挂钩，劳动强度大，不太安全，劳动生产率低
	(2) 斜坡箕斗	(1) 适用于大中型露天矿和深凹露天矿； (2) 斜坡道坡度一般在 30°以下； (3) 山坡露天矿不能用平硐溜井运输时才采用	(1) 斜坡道倾角大于串车提升的倾角； (2) 运距短，运输设备少； (3) 提升量大，设备维修方便； (4) 比矿车组提升耗电省，但运输环节多，矿岩需经转载，要设置装载栈桥
5. 公路（或窄轨）-平硐溜井联合开拓		(1) 比高较大的高山型矿床，一般要求比高大于 120m，地形坡度小于 30°； (2) 溜井一般只适用于溜放矿石，只有当废石不能直接运往排土场或不经济，且岩性较好时，才用溜井溜放岩石； (3) 一个溜井一般只适用于溜放一种矿石，多品级矿山应有专用溜井； (4) 矿石黏结性大，在溜井放矿中产生堵塞或矿石易碎，溜放中产生大量粉矿，严重降低矿石价值时，不宜用平硐-溜井运输； (5) 平硐溜井位置，只适用于布置在工程地质条件较好，岩层整体性好的坚固地段，避免布置于水文地质复杂、有较大断裂破碎带地段	(1) 利用矿岩自重向下溜放，可减少运输设备和运输线路工程量； (2) 可缩短运距，使矿石生产成本低，经济效果好； (3) 溜井平硐基建工程量较大，施工工期较长

开拓运输方式	适 用 条 件	主要特点
6. 公路－破碎站－胶带机联合开拓	(1) 运量较大，运距较长、垂高较深和服务年限较长的大型或特大型露天矿山，一般当矿石产量超过 $1000 \times 10^4 t/a$ 较合适； (2) 一般不适于开采深度小于 100m 的露天矿。	(1) 生产能力大； (2) 能克服较大的地形高差； (3) 矿岩运输低于汽车运输的运费
7. 自溜－斜坡卷扬提升联合开拓	(1) 地形高差大、复杂，不适于展线且采场标高高于卸矿点的露天矿； (2) 不适于大、中型露天矿	(1) 设备简易； (2) 基建工程量小，基建时间短、投资少，投产快； (3) 劳动生产率低； (4) 运量少

3.2.4　开拓方法选择的步骤

开拓方法的选择，须综合考虑矿床埋藏的地质地形条件、露天矿的生产能力、基建工程量和基建限期、矿石损失贫化和设备供应等情况，常存在几个可行的开拓方案，应按照国家的方针政策，通过技术经济比较的方法加以选择。其步骤如下：

(1) 根据具体矿山条件，选择技术上可行的若干方案，这些方案在开拓系统、生产工艺方式、工程发展程序及总平面布置等方面都有不同的特点。

(2) 对各方案进行初步分析，根据国内外露天矿的设计、生产实践经验，剔除明显不合理的方案。

(3) 对保留的几个方案进行沟道定线，并做出与矿山工程发展及生产工艺系统有关的技术经济计算。

(4) 对各方案进行技术经济比较和综合分析评价，选取最优方案。

开拓方法的选择实质上是露天开采的整个原则方案，它不仅是开拓定线和基建工程量的比较，还涉及工艺、设备的选择、生产规模的保证程度以及技术经济指标比较等。

开拓方法选择需要注意以下几个问题：

(1) 比选开拓方案时，首先应深入细致地研究方案，确保参与经济比较的各方案在技术上是优越的、完整的、切实可行的。要仔细分析各方案的不同之处，详细列出需要比较的项目，反复核对，避免遗漏。

(2) 进行经济比较时，应抓住重点，比较主要项目的费用；对影响不大、差别很小的项目，可不比较。至于哪些项目是主要的，哪些是影响不大的项目，应根据具体情况而定。

（3）正确选用各项原始计算数据，数据来源要一致。例如，采用的运输单价应与所采用的运输设备相适应，采用的巷道维护费用单价应与该方案巷道的维护条件相适应等。

（4）把基建费用和生产经营费用分别列出，把基建费用的初期投资和后期投资分别列出。

（5）要比较各方案总费用绝对值的大小和设备占用量的多少，特别是稀缺材料和大型设备的需用量，还要比较各方案占用土地的多少、矿石损失的多少和资源回收率的高低，以及各方案的建设期限的长短。

（6）评定各方案优劣时，要全面考虑各种因素的影响，如果各方案经济上相差不大，就要根据技术上的优越性、初期投资的大小、施工的难易程度、建设期的长短、材料设备的供应条件等因素，综合考虑，合理确定。

3.3　境界内坑线设计

3.3.1　总出入沟的布置

总出入沟口是整个开拓系统的咽喉部位，其位置应尽量设置在地形标高较低、工程地质条件较好，距工业场区、选厂和排土场较近的地方，必要时应进行技术经济比较，保证采场内总的运输功最小。

对于大型深凹露天矿，当生产规模很大、技术条件许可、经济也合理时，可设置两个或多个出入口或双侧线路，以分散运输量，缩短矿岩运距。

开拓沟道多设在采场内。埋藏较浅的缓倾斜矿床也可将开拓沟道延伸到境界以外，采用采场外部出入沟，改善运行条件。因此，按与开采境界相对位置的不同，坑线可分外部沟与内部沟，或称为外部坑线和内部坑线。如图 3-1 所示，af 为外部沟，fbc 及其以下坑线均为内部沟。若将坑线 afb 改为内部，则可设在境界内部的 $a'b'$ 位置。内部沟或外部沟的方向取决于矿、岩卸载点的方位，以及地表

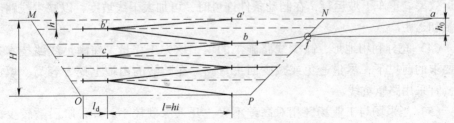

图 3-1　坑线系统纵断面透视图

$MOPN$—露天境界；af—外部沟；H—开采深度；h_0—外部沟服务深度；l_d—折返站长度；

l—每个台阶的倾斜坑线长度；h—台阶高度；i—线路坡度

地形及天然河流或人工建（构）筑物等障碍因素。使用外部沟的露天矿，若境界内采剥总量大，外部沟的服务深度可稍大；反之，外部沟不宜太深，一般不超过 2~3 个台阶。

3.3.2　坑线布置

3.3.2.1　坑线布置应注意的问题

坑线布置应满足以下要求：

（1）深凹露天矿总出入沟口的位置和标高的确定，应考虑选厂、贮矿场、排土场、修理厂和仓库等的相对位置与标高，务求矿岩不反向运输，减少采场内外重车的上坡线路；

（2）对多坑底、有"岩岛"的深凹露天矿，应充分利用"岩岛"布线，以便最大限度减少露天矿边坡的扩帮量；

（3）气候寒冷地区，矿山道路宜布设在向阳面山坡。

3.3.2.2　山坡开拓坑线布置

由于山坡露天矿的采剥作业是从最上部的采剥台阶开始，逐层向下进行的，干线从地表到山顶最高开采台阶一次修筑完成，因此，大多采用固定坑线开拓。其布线原则为：

（1）当地形条件允许时，开拓干线尽量布置在采场境界外，既不远离境界，又保证干线位置固定，运距最短；需考虑线路技术条件、边坡稳定条件，必要时用挡土墙加固路基。

（2）当采场在单侧山坡上，干线大多布置在采场的端帮境界外。当采场内地形为孤立山峰，四周无依靠或下部有一侧依靠时，干线布置在孤立山峰的非工作山坡上，即工作面由下盘向上盘推进时，干线布置在上盘；反之，干线布置在下盘。这样，多个开采台阶同时推进时，下部开采台阶推进不会切断上部各开采台阶的线路与干线的联系。

（3）当运输条件许可时，采场内尽量采用两侧进车的环行运输线路，提高装运效率。重车下坡运行，在制动条件许可时，可加大干线坡度，以减少线路工程量和运距。

（4）充分利用地形，减少线路施工的填、挖方工程量。在满足线路技术条件要求的前提下，尽量避免或减少回头弯路。在陡峻的山坡上挖方容易、填方难，宜采用路堑坑线。

（5）当采场与工业场区相对高差不大、开采深度较小、开采阶段数较少以及山坡展线条件较好时，尽量采用单一直进式系统，或直进式与回（折）返式联合应用。

最高开拓台阶应保有一定的装载和运输量，要具有电铲、穿孔机及车辆调车回头转弯等项作业所必需的宽度和长度。当采用特大型设备时，其宽度和长度需相应增大；当露天采场附近地形较陡，不具备向每个开采台阶修筑固定入车线路的条件时，可间隔 1~2 个开采台阶修筑固定入车线。无固定入车线的开采台阶，可在推进速度较慢的工作帮基岩上或在爆堆上修临时公路与相邻台阶的固定线路联通，以便建立该台阶的运输通路，如图 3-2 和图 3-3 所示。

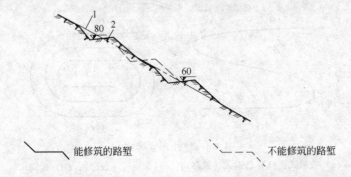

　　　　　能修筑的路堑　　　　　　　不能修筑的路堑

图 3-2　山坡地形陡的条件下不能向每个开采水平修筑固定入车公路示意图
1—原地表线；2—公路入车路堑

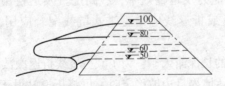

图 3-3　工作面移动公路布置示意图

（6）当矿体埋藏延展很深时，不仅要注意山坡露天矿部分开拓坑线的合理布置，还应考虑山坡露天矿与深凹露天矿两部分矿体开拓的衔接，以免造成从山坡露天开采向深凹露天开采过渡时期，发生减产或停产。

3.3.2.3　深部开拓坑线布置

从空间形状上来看，坑线布置形式是指采场干线在平面图上的投影形状，如图 3-4 所示。

A　直进式

直进式坑线展线最短，车辆运行条件好，在可能条件下应优先采用，适于长而浅的采场或长而深的采场上部若干台阶。

B　折返式和回返式

折返式和回返式都属于线路迂回展线的坑线，以锐角变换方向，如图 3-4（b）和（c）所示。回返式回返曲线半径比较小，一般情况下很难满足铁路的展线要求，而折返式不适合汽车调车。因此，公路采用回返式，铁路采用折返式。

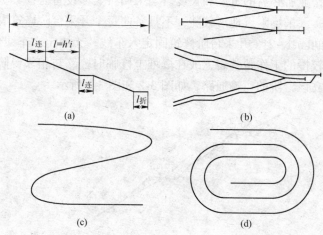

图 3-4　坑线布置形式

（a）直进式；（b）折返式（铁路）；（c）回返式（公路）；（d）螺旋式

　　折（回）返式坑线如设于采场一帮，由于需要设置折（回）返平台，使采场的边坡角减缓，增加附加剥岩量，车辆运行通过回、折返式区段时，要降低运行速度，影响线路通过能力及运输效率，线路配置及运行组织也较复杂。因此，在可能的条件下，回返或折返线应与直进式坑线配合应用，尽量减少折（回）返次数。

　　对于采剥总量较大的长深露天矿，为了减少坑线折返次数，当工作帮尚未到达境界位置而采场端帮已达境界且边坡稳定时，可将折返站设于端帮，如图 3-5（a）所示，但折返站可能呈曲线形。若折返站不设于端帮，也可按螺旋坑线的形式在端帮设置有限制坡度的联络线（空车下滑，重车上升），如图 3-5（b）所示。

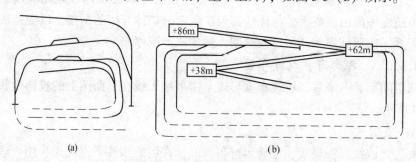

图 3-5　减少坑线折返次数折返站的布置

（a）折返站设在端帮；（b）在端帮设置有限制坡度的联络线

C　螺旋式

　　螺旋式坑线开拓的线路从出入口处开始环绕采场四周边坡盘旋向下延深，如图 3-6 所示。坑线沿采场边坡和端帮直进，在周帮上形成环形，运距短，有利于发挥列车效率；适用于采场边坡的稳定性较好、采场宽度较大、近似圆形的深露天矿，通常布置在露天采场上部固定帮上，如用于工作帮，则要求每个台阶工作线呈曲线形发展，工作线长度和推进方向经常改变，生产组织复杂化；各台阶间及台阶全长上平盘宽度变化大，使剥离与采矿不均衡；同时工作的水平数少，新水平准备时间长，基建工程量大。

用螺旋式坑线开拓倾角较缓的层状矿体时，将引起超前剥离。因此，可先采用回（折）返干线开拓，待上部台阶的矿岩采剥完毕，再在采场周帮已形成的非工作帮上改建成螺旋干线，如图3-7所示。

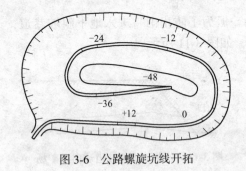

图3-6　公路螺旋坑线开拓　　　　图3-7　上部水平改建为螺旋坑线
　　　　　　　　　　　　　　　——铁道坑线；—·—拆除的坑线；
　　　　　　　　　　　　　　　---工作面铁道；h—台阶高

螺旋式干线开拓，要求采场四周边坡的岩石比较稳固。若局部岩石不够稳固时，可在稳固的边坡上局部采用回（折）返式坑线，以避开不稳定部位。

D　公路斜坡道

公路斜坡道的实质是利用地下斜坡道建立深凹露天矿的公路开拓系统。

公路地下斜坡道布置在采场境界以外，自地表向下环绕采场呈螺旋线形，如图3-8所示；或在矿体下盘回返，即回返式斜坡道，如图3-9所示。采场各生产台阶通过平硐与斜坡道相连接。

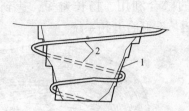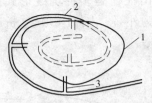

图3-8　环绕采矿场的地下公路螺旋斜坡道开拓示意图
1—露天境界；2—公路斜坡道；3—联通平硐

公路斜坡道的出入口有两种：一种是地表出入口，需设有上部结构，以便对出入口加以保护，如图3-10所示；另一种是通向生产台阶的出入口，出入口位

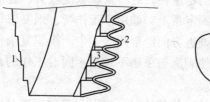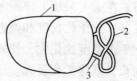

图 3-9　采矿场下盘开采境界外的公路地下回返斜坡道开拓示意图

1—露天境界；2—公路斜坡道；3—联通平硐

于台阶坡面上，不需要修筑的出口构筑物。但为了防止雨雪进入地下斜坡巷道，平硐朝向生产台阶的出口方向倾斜 1°~3°，如图 3-11 所示。

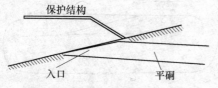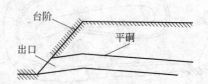

图 3-10　公路地下斜坡道入口的
上部构筑物

图 3-11　公路地下斜坡道通向采矿场
生产水平的出口

采用公路斜坡道，虽然要增加露天矿的巷道掘进和支护工作量，掘进巷道比开掘露天坑线困难，而且单位进尺成本也高，但是，由于不需要在采场边坡上设置开拓坑线，因此可以加陡边坡角，减少剥岩量，如图 3-12 所示，掘进地下斜坡道的费用可以从节约的附加剥岩费用中得到补偿。

另外，公路斜坡道不会因采矿边坡局部片落影响运输作业的正常进行，可以减少公路干线的维护工作量；运输作业还不受气候（雨、雪等）的影响；新水平准备工作可以与采矿作业平行进行，提高露天矿的采矿强度。

E　多种坑线形式的联合

露天矿山往往是多种坑线形式的联合利用，扬长避短，达到效果最佳。图 3-13所示为外部、内部、螺旋、折返坑线联合开拓系统。

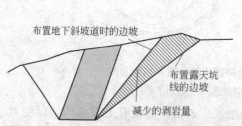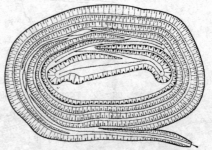

图 3-12　布置地下斜坡道加陡边坡减少剥岩量

图 3-13　多种坑线形式的联合应用

3.4 矿山开拓平面图设计

3.4.1 露天矿山道路分类及技术等级

3.4.1.1 露天矿山道路类型

矿山道路通常具有断面形状复杂、线路坡度陡、转弯多、曲线半径小、相对服务年限短、运量大、行驶车辆载重量大等特点，因此，要求公路结构简单，并在一定的服务年限内保持相当的坚固性和耐磨性。

矿用运输公路按其性质和所在位置的不同，可分为三类：

(1) 运输干线。从露天采场出入沟通往卸矿点和排土场的公路。

(2) 运输支线。包括由从采场出入沟通往各开采水平的道路和由排土场运输干线通往各排土水平的道路。

(3) 辅助线路。通往分散布置的辅助性设施（如炸药库、变电站、水源地、尾矿坝等）的道路，行驶一般载重汽车。

3.4.1.2 露天矿山道路技术等级

矿用公路按行车密度、行驶速度、年运量等可划分为三个等级，见表3-2。

表 3-2 道路等级

道路等级	单线行车密度 /辆·h^{-1}	行车速度 /km·h^{-1}	年运量 /kt	适用条件
一	>85	40	≥12000	大型矿山生产干线、总出入沟线路、使用年限较长，地形条件好
二	85~25	30	2400~12000	中型矿山生产干线、一级线路的支线、使用年限较长，地形条件较好的小型矿山生产干线
三	<25	20	<2400	一般中小型矿山的生产干线、大型矿山的生产支线和矿山联络线及辅助线路

矿山道路不应低于现行国家标准《厂矿道路设计规范》（GBJ 22—87）规定的矿山三级道路标准。

当露天矿山道路同时具有厂外道路性质时，应同时符合厂外道路相当等级的要求。

3.4.2 道路平面

3.4.2.1 单车道、双车道的选择

生产线（除单向环行者外）和联络线一般按双车道设计；联络线在地形条件困难时，可按单车道设计；辅助线可根据需要，按单车道或双车道设计。单车道必须设置避让线。

3.4.2.2 道路平面参数

道路在平面上是由许多直线、圆曲线与缓和曲线（曲率不断变化，用来连接直线-圆或圆-圆的过渡曲线，以缓和离心加速度的急剧变化）组成。

圆曲线常用下列五个要素表示：转折角 α（或称为圆曲线半径之夹角）、圆曲线半径 R、切线长度 T、曲线长度 L、外矢距 E（交角点到圆曲线中点的距离），如图 3-14 所示。

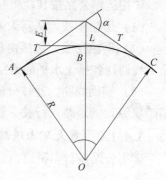

A 圆曲线半径

曲线路段的中心线在平面上所对应的半径称做圆曲线半径。线路的曲率半径是为满足汽车结构特征而定的，最小圆曲线半径应大于汽车的最小转弯半径。

图 3-14 公路的平面要素

各级露天矿山道路应尽量采用较大的圆曲线半径。当受地形或其他条件限制时，可采用表 3-3 所列最小圆曲线半径。

表 3-3 最小圆曲线半径　　　　（m）

矿山道路等级	一	二	三
最小圆曲线半径	45	25	15

B 超高

各级露天矿山道路，当采用的圆曲线半径小于表 3-4 中不设超高的最小圆曲线半径时，应在圆曲线上设置超高；当设计速度限制在 5km/h 以下时，可不设超高。

表 3-4 不设超高的最小圆曲线半径　　　　（m）

矿山道路等级	一	二	三
不设超高的最小圆曲线半径	250	150	100

超高横坡应按表 3-5 所列数值范围选取。

表 3-5 超高横坡

超高横坡 /%	圆曲线半径/m		
	一级道路	二级道路	三级道路
2	<250~195	<150~115	<100~60
3	<195~130	<115~75	<80~50
4	<130~90	<75~55	<50~35
5	<90~60	<55~35	<35~20
6	<60~45	<35~25	<20~15

C 曲线加宽

各级露天矿山道路，圆曲线半径等于或小于 200m 时，应在圆曲线内侧加宽路面。双车道路面的加宽值，应按表 3-6 的规定选取，单车道路面加宽值，应按表列数值折半选取。在工程艰巨的路段，可将加宽值的一半设在弯道外侧。

表 3-6 双车道路面加宽值 （m）

圆曲线半径	汽车轴距加前悬				
	加宽值				
	5	6	7	8	8.5
200	—	—	—	0.3	0.4
150	—	—	0.3	0.4	0.5
100	0.3	0.4	0.5	0.6	0.7
80	0.3	0.5	0.6	0.8	0.9
70	0.4	0.5	0.7	0.9	1.0
60	0.4	0.6	0.8	1.1	1.2
50	0.5	0.7	1.0	1.3	1.4
45	0.6	0.8	1.1	1.4	1.6
40	0.6	0.9	1.2	1.6	1.8
35	0.7	1.0	1.4	1.8	2.1
30	0.8	1.2	1.6	2.1	2.4
25	1.0	1.4	2.0	2.6	2.9
20	1.3	1.8	2.5	3.2	3.6
15	1.7	2.4	3.3	4.3	—
12	2.1	3.0	4.1	—	—

注：当采用的圆曲线半径值和汽车轴距加前悬值为表列各相邻两值之间时，可按内插法计算加宽值。

D　缓和段长度

缓和段是指在直线与圆曲线之间或者半径相差较大的两个转向相同圆曲线之间设置的一种曲率连续变化的曲线。

缓和段的作用为：

（1）通过其曲率逐渐变化，可更好地适应汽车转向的行驶轨迹。

（2）汽车在从一个曲线过渡到另一个曲线的行驶过程中，离心加速度逐渐变化，不至于产生过大的侧向冲击。

（3）可以作为超高和加宽变化的过渡。

直线上的路拱断面过渡到圆曲线上的超高断面，必须设置超高缓和段。

超高缓和段长度可按下列公式计算：

$$L_c = B\, i_1/i_2$$

绕路中线旋转：

$$L_c = \frac{B}{2} \times \frac{i_1 + i_3}{i_2} \tag{3-1}$$

式中　L_c——超高缓和段长度，m；

　　　B——路面宽度，m；

　　　i_1——超高横坡度；%；

　　　i_2——超高附加纵坡，%，系路面外缘超高缓和段长度的纵坡与线路设计纵坡的坡差，可按表 3-7 的规定采用；

　　　i_3——路拱坡度，%。

表 3-7　超高附加纵坡

计算行车速度/km·h⁻¹	100	80	60	40	30	20
超高附加纵坡/%	0.57	0.67	0.80	1.00	1.33	2.00

按以上公式算得的长度不得小于 10m。

当圆曲线既设超高又设加宽时，其加宽缓和段长度，可与超高缓和段长度相等；不设超高仅设加宽时，应设置不小于 10m 的加宽缓和段长度。

超高、加宽缓和段一般设在紧接圆曲线起、终点的直线上。在地形困难地段，允许将超高、加宽缓和段长度的一部分插入圆曲线内。但插入圆曲线内的长度不得超过超高加宽缓和长度的一半，且插入圆曲线后所剩余的长度不得小于 10m。

E　圆曲线的连接

圆曲线的连接设计原则为：

（1）各级露天矿山道路，两相邻同向圆曲线可直接连接。

（2）当两相邻同向圆曲线间的直线较短时，宜改变半径合并为一个单曲线或复曲线。复曲线的两个半径的比值不宜大于2。

（3）复曲线的超高、加宽不相同时，应按超高横坡之差、加宽值之差，从分切点向较大半径的圆曲线内插入超高、加宽过渡段，其长度为两超高缓和段长度之差。当两圆曲线仅有不同的加宽时，应在较大半径的圆曲线内设加宽或过渡段，其长度一般采用10m。如果改变半径有困难时，可将两同向圆曲线间的直线段按两圆曲线的超高设置单向横坡，此时加宽可自两圆曲线的切点以一直线连接。

（4）两相邻反向圆曲线均不设超高、加宽时，可直接连接；均设置超高时，两相邻反向圆曲线间，应有可设置两个超高缓和段长度的距离。

3.4.3 道路纵断面

道路的纵断面主要用于研究路段的填方、挖方量及其在垂直方向的合理衔接。线路纵断面应是一条平滑线，由水平线、倾斜线、凹凸竖曲线以及不同坡度的连接线等几部分组成。两相邻不同坡度的直线段相交点称为换（变）坡点，换坡点的形状可分为凹形的和凸形的两种。不论是凹形换坡点还是凸形换坡点，都应分别设置凹形或凸形的竖曲线予以缓和。

线路纵断面应包括如下主要参数。

A 最大允许纵坡

纵坡是公路主要技术参数之一，纵坡是否确定得合理，直接影响到汽车的行驶安全、使用寿命、道路质量、工程投资和运输成本等。

公路最大允许的纵向坡度，根据汽车的性能及线路等级而定，一般不超8%；在工程困难地段，1或2级公路可增大1%，3级公路可增2%；危险品生产区及危险品总仓库区内，运输危险品的主干道，纵坡不宜大于6%。纵坡限制坡度不应大于表3-8的规定值。

表3-8 最大纵坡

道路等级	一	二	三
最大纵坡/%	7	8	9

同一等级的生产干线、支线任意连续1km路段的平均纵坡，一、二、三级露天矿山道路，分别不宜大于5.5%、6.0%、6.5%。

当设计行驶电传动自卸汽车的生产干线、支线有足够依据时，可不受上述规定的限制。

合成坡度：

各级露天矿山道路，在设有超高的圆曲线上，超高横坡与纵坡的合成坡度值，不应大于表 3-9 的规定。

表 3-9　最大合成坡度值

露天矿山道路等级	一	二	三
最大合成坡度值/%	8.0	8.5	9.0

在工程艰巨或受开采条件限制时，三级露天矿山道路最大合成坡度值可增加 0.5%。

在寒冷冰冻、积雪地区的各级露天矿山道路，合成坡度值不应大于 8%。

B　坡长限制

为防止汽车在大坡段上运行时发动机和制动器过热而发生故障，保证行车安全，对坡段长度应有所限制。各级露天矿山道路的纵坡长度不应小于 50m，可参考表 3-10 选取。

表 3-10　限制坡长及其坡长换算系数

纵坡 i/%	限制坡长/m	坡长换算系数 γ
$5 < i \leqslant 6$	800	1.00
$6 < i \leqslant 7$	500	1.60
$7 < i \leqslant 8$	350	2.30
$8 < i \leqslant 9$	250	3.20
$9 < i \leqslant 12$	150	5.30

当纵坡大于 5% 时，应在规定的长度处或在换算坡长不超过 800m 的地方，设置纵坡不大于 3% 的缓和坡段，长度一般为 40~50m。

换算坡长 L_H 的计算式为：

$$L_H = \sum \gamma_i \times l_i \tag{3-2}$$

式中，γ_i、l_i 分别为各坡段的换算系数和长度，换算系数见表 3-10。

C　纵坡折减

当曲线半径等于或小于 50m 时，该曲线的最大纵坡应予以折减，可参考表 3-11 选取。

表 3-11　圆曲线纵坡折减

圆曲线半径/m	15	20	25	30	35	40	45	50
纵坡折减值/%	4.0	3.5	3.0	2.5	2.0	1.5	1.0	0.5

如果在海拔 3000m 以上的高原地区，各级公路的纵坡按表 3-12 规定折减。

表 3-12 高原地区纵坡折减

海拔高度/m	3000~4000	4000~5000	5000 以上
纵坡折减值/%	1	2	3

D 竖曲线

当自卸汽车途经换坡点时，如果没有竖曲线予以缓和，则车辆将受到震动。换坡角越大，行驶速度越高，则震动越剧烈。此外，凸形换坡角的大小还影响行车视距。因此，换坡点应设置竖曲线，以保证汽车行驶平稳，并具有足够视距。

当露天矿山道路纵坡变更处的两相邻坡度代数差大于2%时，应设置竖曲线。竖曲线半径和长度不应小于表 3-13 的规定。

表 3-13 竖曲线最小半径和长度

露天矿山道路等级	一	二	三
竖曲线最小半径/m	700	400	200
竖曲线最小长度/m	35	25	20

E 道路的交叉

矿山道路的自行交叉，可按平面布置。当与国家一级公路交叉时，应该按立体布置。平面交叉力求垂直相交；当斜交时，交角不得小于 45°。交叉地段应为水平。

3.4.4 道路回头曲线

在山坡或凹陷露天矿布置线路时，由于受到地形条件和采场长度的限制，需迂回修筑公路。这时，必须选用锐角转折，并将弯道布置于夹角之外。这种弯道称为回头曲线。

根据地形条件的不同，回头曲线分对称和非对称两种。

对称回头曲线由主曲线、辅助曲线和插入直线段组成。如果按其主曲线与辅助曲线之间有无直线段划分，又可分为有直线段插入和无直线段插入两种，如图 3-15 所示。

在生产实践中，为适应地形条件的变化，减少土石方工程量，可采用非对称回头曲线，即两条辅助曲线和插入直线段的长度可以不相等，如图 3-16 所示。

各级露天矿山道路采用回头曲线时，其主要技术指标应按表 3-14 的规定采用，并设置限制速度标志和在其外侧设置挡车堆等安全设施。

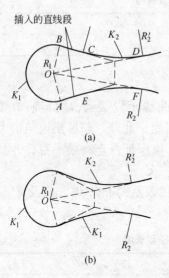

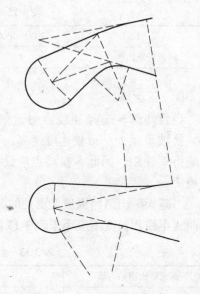

图 3-15　对称回头曲线平面图

（a）有直线段插入的回头曲线；

（b）无直线段插入的回头曲线

图 3-16　非对称的回头曲线

表 3-14　回头曲线主要技术指标

技术指标名称		单位	露天矿山道路等级		
计算行车速度		km/h	一	二	三
最小主曲线半径		m	25	20	15
超高横坡		%	6	6	6
停车视距		m	25	20	15
会车视距		m	50	40	30
最大纵坡		%	3.5	4.0	4.5
汽车轴距	5	m	1.3	1.7	1.7
	6	m	1.8	2.4	2.4
	7	双车道路面加宽值 m	2.5/2.0	3.3/2.5	3.3/2.5
	8	m	2.5	3.0	3.0
	8.5	m	2.7	3.3	3.3

注：超高缓和段长度按 3.4.2.2 选取。

3.4.5 道路通过能力

A 双车道通过能力的计算

露天矿山道路通过能力是指在安全条件下，道路允许通过的最大汽车数量或运输量。

双车道通过能力可按下式计算：

$$N = \frac{1000vK_1K_2}{S_T} \quad\quad (3-3)$$

式中 N——双车道小时通过能力，辆；

 v——汽车平均运行速度，km/h；

 K_1——与挖掘机数量有关的运行不均衡系数，见表3-15；

 K_2——考虑会车、交叉口及制动等因素的安全系数，取0.34~0.38；

 S_T——同一方向上汽车之间安全行车间距，m：

$$S_T = l_1 + l_2 + l_o \quad\quad (3-4)$$

 l_1——司机观察反应时间内所行驶的距离，m：

$$l_1 = vt/3.6$$

 t——司机观察反映时间，一般采用1.5~2s；

 l_2——汽车开始制动到完全停住所行驶的距离，m：

$$l_2 = \frac{KV_2}{254(\varphi_b + \omega_0 \pm i)} \quad\quad (3-5)$$

 K——制动使用系数，取1.3~1.4；

 φ_b——计算黏着系数：

$$\varphi_b = (0.5 \sim 0.6)\varphi$$

 φ——黏着系数，见表3-16；

 ω_0——滚动阻力系数，见表3-17；

 i——道路纵坡,%，上坡为正值，下坡为负值。

表3-15 运行不均衡系数

挖掘机台数	1	2	3	5	7	10	15	20
K_1	1.0	0.75	0.67	0.60	0.58	0.55	0.53	0.50

道路通过能力最大时的汽车运行速度可按下式计算：

$$v = \sqrt{\frac{254(\varphi_b + \omega_0 + i)l_a}{K}} \quad\quad (3-6)$$

式中 l_a——停车安全距离，取汽车全长。

表 3-16　黏着系数 φ_b

道路分类	路面类型	各种路面状况下的 φ_b 值		
		清洁干燥	潮湿	泥泞或覆冰
固定线	经过表面处理的碎石路面	0.75	0.50	0.40
	圆石路面	0.70	0.40	0.35
	条石路面	0.65	0.40	0.30
	沥青路面	0.70	0.40	0.25
	沥青混凝土或混凝土路面	0.70	0.45	0.30
移动线	压平的采掘线	0.60	0.4~0.5	
	压平的排土线	0.4~0.5	0.2~0.3	

表 3-17　滚动阻力系数 ω_0

道路分类	路面类型	滚动阻力系数 ω_0
固定线	沥青混凝土或混凝土路面	0.015~0.020
	砾石路面	0.025~0.030
	砰石路面	0.025~0.040
移动线	压平的硬质路面	0.035~0.050
	压平的软质路面	0.050~0.065
	未压平的采掘线和排土线	0.065~0.105

B　道路最大通过能力参考值

实践和计算证明,无论是山坡露天矿还是深凹露天矿,限制道路通过能力的条件均是下坡运行。

国产自卸汽车在8%以下坡道运行时,道路最大通过能力的参考值见表3-18。

表 3-18　道路最大通过能力参考值

车型		QD351	BJ371	SH380	LN392	SF3100
矿石	辆/班	666	642	636	570	558
	t/a	420 万	1080 万	1711 万	3068 万	4696 万
岩石	辆/班	666	642	636	570	558
	t/a	366 万	1063 万	1402 万	3140 万	4610 万

注:计算数据 $K_1 = 0.51$;$K_2 = 0.34$;$t = 2s$;$i = -8\%$;$\varphi_b = 0.2$;$K = 1.4$;$\omega_0 = 0.03$(重车),0.05(空车)。

3.4.6　线路定线方法

线路定线,就是在地面或地形图及纵断面图上,确定出线路合理的空间位置，所确定线路应是线路工程量少、运输距离短、运输条件好、线路系统与地面总图布置相协调，以及少占耕地，减少建设投资和运输经营费用。

线路应布置在工程、水文地质条件好和较好的地段。一般只允许修筑挖方路基；仅对山坡开采的极个别条件恶劣而又无法回避的地段，才允许局部填方（一般不应大于路基宽的 1/4~1/3），但其边坡一定要进行加固处理，保证边坡稳定。

线路布置尽可能平直，减少弯道和回头曲线。对于深凹露天矿，要回避在高边坡部位布置线路弯道和回头曲线，并尽可能少在深部设置回头曲线。要正确选择深部布线方式和线路在坑底的起线点。

定线设计方法如下：

根据线路要素和地形条件引导出的可能线路方向，称为导线，按限制坡度的条件又分为自由导线和紧坡导线。

平均地面坡度小于限制坡度的地段，称为自由导线地段。在自由导线地段内，没有高程障碍，定线时主要是绕避平面障碍；平均地面坡度大于限制坡度的地段，称为紧坡导线地段。在紧坡导线地段内，有显著的高程障碍，往往需要展长线路，以达所需的升高。

3.4.6.1 自由导线地段

自由导线定线步骤如下：

（1）以直尺定出直线和各交点；

（2）以量角器量出转角度数；

（3）以曲线板选配曲线半径；

（4）确定曲线各要素，选配缓和曲线长度，确定曲线的起点和终点；

（5）从起点开始定出百米标和公里标；

（6）当确定出一定距离（2~3km）的线路平面后，即绘制纵断面图；

（7）对地面纵断面设计坡度线进行修改，要求各坡段长度、变坡点位置和坡度参数等符合设计规范规定，路基标高最少高出洪水位 0.5m；

（8）当纵断面上出现较大的填挖方或急剧的起伏及有害坡度等缺点时，若将平面稍加改移即可消除缺点时，应重新设计线路平面和纵断面；

（9）当前一地段平纵断面设计好以后，即可设计下一地段。

3.4.6.2 紧坡导线地段

紧坡导线地段的定线方法大体与自由导线地段相同。但为了使展线与地形相配合，一般应在设计平面前使用两角规在等高线平面图上先绘制导向线，如图 3-17 所示。其步骤为：

（1）按一定坡度使线路升高一个等高线间距（等高线间距的高差是固定的）来确定线步距。

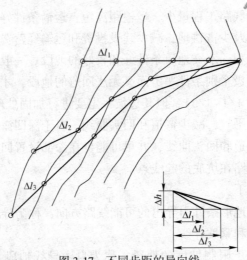

图 3-17　不同步距的导向线

步距按下式计算：

$$\Delta l = \Delta h / (i_x - i_Q) \tag{3-7}$$

式中　Δl——定线步距，m；

　　　Δh——等高线高差，m；

　　　i_x——限制坡度，‰；

　　　i_Q——平均的曲线纵坡折减。

（2）使两脚规的张开度等于定线步距 Δl，从已知点开始，依次向相邻等高线截取 Δl，连接各等高线上的点，所得折线即为导向线，其纵断面即为定线坡度的不填不挖线。

（3）以导向线为基础，将相应地段的导向线化直，在转折处选配适宜半径的曲线，绘制成线路平面，并以此线路平面绘制纵断面，可得填挖数量不大的线路纵断面。

在绘制导向线时，应注意以下几点：

（1）导向线要顺直圆滑，无急剧的转折，大体上化直后能满足线路平面的要求；

（2）导向线应注意趋向最近的控制点，或者由控制点引导向线；

（3）当地形坡度变化较大，等高线有稀有密时，在等高线较稀地段，若两脚规的张开度小于等高线之间的距离，说明地面坡度小于定线坡度，可不严格要求按等高线定点，但要使总的步距数和跨过的等高线数相等，从而使整个路段平均坡度仍接近定线坡度。

3.4.7　线路图的标示法

线路平面图是将道路的路线画在用等高线表示的地形图上，用来表达路线的方向、水平线型（直线和转弯方向）以及路线两侧一定范围内的地形、地貌情况。而线路纵断面图是沿道路中线竖直剖切再展开在立面上的投影，主要表达路线中心纵向设计线型以及地面的起伏、地质和沿线设置构造物的概况，如图 3-18 所示。

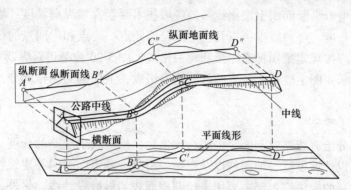

图 3-18　线路平面图与线路纵断面图概念

3.4.7.1　线路平面图的标示法

线路平面图主要侧重两方面：地形部分和线路部分。

线路部分应标出以下各项要素：

（1）子午线和方向角。如图 3-19 所示，子午线是表示南北方向的线段，或称为南北线。方向角是标示线路路段方向的一个要素。目前方向角一般采用象限角标示法，其方向用北东（NE）、南西（SW）、北西（NW）和南东（SE）若干度、分、秒来表示。

（2）直线路段的长度。在路段上方标出长度，以 m 为单位。

（3）交角点序号。标出交角点的序号，如 JD_1，JD_2，…，等。

（4）圆曲线要素。在图中圆曲线附近明显处分别标出圆曲线要素，或另列表统一标示。

（5）百米标。线路自始点至终点用百米标表示出全线的平面长度，即从始点起每隔 100m 用累计数 1、2、3、…的数号表示出来。同时，还需标出曲线段的始点和

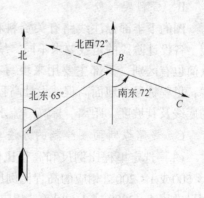

图 3-19　子午线、方向角标示法

终点。桥梁、涵洞以及其他重要构筑物在里程表中也需标出。

（6）交角点。在始点、终点和交角点处，应标出 x、y 的坐标。

（7）地形素描。沿线路的带状地形图，尽可能把主要地形、地物、湖泊、低洼地和高程等素描出来。

3.4.7.2 线路纵断面图的标示法

线路纵断面图是绘有线路纵断面与建筑物特征并列有线路资料的线路设计图，即在原地形纵断面图上根据线路的各项技术要素，如纵向坡度、坡长、缓和坡段坡度和长度、竖曲线半径以及已定的公路始点、终点和中间点的标高等。纵断面设计图应按规定采用标准图纸和统一格式，图 3-20 为某道路纵断面图示例。

线路纵断面图主要有上、下两部分内容组成，上半部为图样部分，下半部为资料表部分。

A 图样部分

图样部分绘有线路纵剖面，采用直角坐标，横向表示线路的长度，竖向表示高程，包括设计坡度线、地面线以及车站、桥梁、隧道、涵洞等建筑物的符号和中心里程。总的来说，上部主要用来绘制地面线和纵坡设计线，另外，也用以标注竖曲线及其要素；坡度及坡长（有时标在下部）；沿线桥涵及人工构造物的位置、结构类型、孔数和孔径；与道路、铁路交叉的桩号及路名；沿线跨越的河流名称、桩号、常水位和洪水位；水准点位置、编号和标高；断链桩位置、桩号及长短链关系等。

（1）设计线和地面线：设计地面高线（用中粗实线表示）；原地面高线（用不规则的细折线表示）。两条线型的比较，可以确定填方和挖方的位置及高度。

（2）竖曲线：设计线是由直线和竖曲线组成的，在设计线的纵向坡度变更处，为了便于车辆行驶，按技术标准规定应设置圆弧竖曲线。

B 资料表部分

图的下半部标注线路有关资料和数据，与上半部线路各相关点位置一一对应。各设计阶段的定线要求不同，编制的纵断面图所采用的比例尺和标注内容的繁简也有区别。下部主要用来填写有关内容，自下而上分别填写：直线及平曲线；里程桩号；地面高程；设计高程；填、挖高度；土壤地质说明；设计排水沟沟底线及其坡度、距离、标高、流水方向（视需要而标注）。

C 线路纵断面图绘制的方法与步骤

（1）选定里程比例尺和高程比例尺。一般对于平原微丘区里程比例尺常用 1∶500 或 1∶200，相应的高程比例尺为 1∶5000 或 1∶2000；山岭重丘区里程比例尺常用 1∶2000 或 1∶1000，相应的高程比例尺为 1∶200 或 1∶100。

（2）绘出地面线。首先选定纵坐标的起始高程，使绘出的地面线位于图上适当的位置。一般是以 10m 整数倍数的高程定在 5cm 方格的粗线上，便于绘图和阅图。然后根据中桩的里程和高程，在图上按纵、横比例尺依次点出各中桩的地

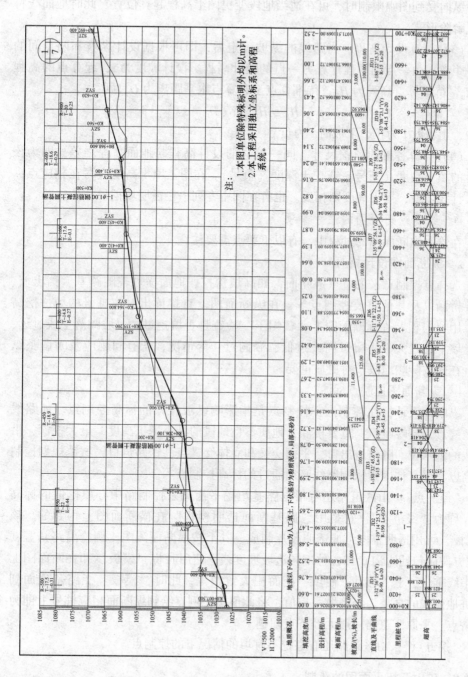

图3-20 某道路纵断面图示例

面位置，再用直线将相邻点连接起来，就得到地面线。在高差变化较大的地区，如果纵向受到图幅限制时，可在适当地段变更图上高程起算位置，此时地面线将形成台阶形式。

（3）计算设计高程。当路线的纵坡确定后，即可根据设计纵坡和两点间的水平距离，由一点的高程计算另一点的设计高程。设计坡度为 i，起算点的高程为 H_0，待推算点高程为 H_P，待推算点至起算点水平距离为 D，则

$$H_P = H_0 + i \cdot D$$

式中，上坡时 i 为正，下坡时 i 为负。

（4）计算各桩的填挖尺寸。同一桩号的设计高程与地面高程之差，即为该桩处的填土高度（正号）或挖土深度（负号）。在图上填土高度应写在相应点纵坡设计线之上，挖土高度则相反。也有在图中专列一栏注明填挖尺寸的。

D　绘制纵断面图的注意事项

在绘制纵断面图的过程中，有以下要点需要注意。

a　纵断面图设计核对

选择有控制意义的重点横断面，如高填深挖、地面横坡较陡路基、挡土墙、重要桥涵以及其他重要控制点等，在纵断面图上直接读出对应桩号的填、挖高度，用"模板"在横断面图上"戴帽子"检查是否填挖过大、坡脚落空或过远、挡土墙工程过大、桥梁过高或过低、涵洞过长等情况，若有问题应及时调整纵坡。在横坡陡峻地段核对更显重要。

b　纵断面图控制点标注

纵断面设计标注控制点：控制点是指影响纵坡设计的标高控制点。如路线起、终点，越岭哑口，重要桥涵，地质不良地段的最小填土高度，最大挖深，沿溪线的洪水位，隧道进出口，平面交叉和立体交叉点，铁路道口，城镇规划控制标高以及受其他因素限制路线必须通过的标高控制点等。

"经济点"：山区道路还有根据路基填挖平衡关系控制路中心填挖值的标高点，称为"经济点"。它是用"路基断面透明模板"在横断面图上得到的。该"模板"可用透明描图纸或透明胶片制成，其上按横断面测图比例绘出路基宽度（挖方段应包括边沟）和各种不同边坡坡度线。使用时将"模板"扣在断面图上使中线重合，上下移动，使填、挖面积大致相等，此时"模板"上路基顶面到中桩地面线的高差为经济填、挖值，将此值按比例点绘到纵断面相应桩号上即为经济点。平原区道路一般无经济点问题。

"挖方点"：山区道路还有宜挖不宜填的情况下的控制点。

3.4.8　矿山开拓平面图的绘制

矿山开拓平面图是设计由总出入沟口到境界内各山头至制高点的道路。

绘制步骤如下：

（1）在地形图上绘制地表境界线，总出入沟口。

（2）将境界内所有山头制高点标在地形图上。

（3）按 3.4.6 介绍的定线方法，从每个总出入沟口到每个山头制高点进行定线设计。线路布置尽可能平直，减少弯道和回头曲线。要求线路工程量少、运输距离短、运输条件好，线路系统与地面总图布置相协调以及少占耕地等，减少建设投资和运输经营费用。

（4）按设计路宽、转弯半径等平面参数调整线路，完成矿山开拓平面图的绘制。

矿山开拓平面图中有地形线、地表境界线、总出入沟口到境界内各山头制高点的线路，线路中的地形线需清除。

4　矿山生产能力及工作制度

4.1　设计任务与内容

4.1.1　设计任务

本章主要任务是根据开采境界内设计可采储量、矿山的具体自然地理条件、开采技术可能和经济合理等因素综合分析，验证设计矿山生产能力，并制定矿山工作制度，是采矿工程专业学生在毕业设计时必须完成的设计任务之一。主要应了解和掌握以下内容：

(1) 掌握矿山服务年限的计算方法；

(2) 了解露天矿的矿岩生产能力与矿石生产能力之间的关系；

(3) 掌握按同时工作的采矿台阶上可能布置的挖掘机能力验算矿山设计生产能力的方法；

(4) 掌握按年下降速度验算矿山设计生产能力的方法；

(5) 了解矿山工作制度制定的方法。

4.1.2　设计内容

根据设计的具体内容，本章的标题为"矿山生产能力与工作制度"，可分为2个小节：

(1) 矿山生产能力。学生需根据设计任务给定的生产能力范围，至少采用三种生产能力验证方法进行验证。通过几个方面的分析计算，最终确定一个经济上合理、技术上可行、符合市场需要的矿石生产能力。

(2) 矿山工作制度。学生需根据所开采资源的种类和对开采强度的要求，给出矿山的工作制度。

4.2　矿山生产能力

露天矿生产能力包括两个指标，即矿石生产能力和矿岩总生产能力。两者通过生产剥采比联系起来。矿山设计中，矿山生产能力通常是指矿石生产能力。

$$A = A_K + n_s A_K = A_K(1 + n_s) \tag{4-1}$$

或
$$A_K = A/(1 + n_s) \tag{4-2}$$

式中　A_K——矿石生产能力，t/a；

　　　A——矿岩生产能力，t/a；

　　　n_s——生产剥采比，t/t。

设计中，露天矿生产能力主要是根据国家需要、矿山资源条件、开采技术可能和经济合理等因素，综合分析确定和验证的。

按经济合理性验证生产能力，目前主要是按露天矿的合理服务年限来验证。

按开采技术条件确定生产能力，目前主要从两方面验证：一是按可能布置的挖掘机工作面数；二是按矿山工程延深速度。

生产中，露天矿的生产能力是通过生产活动来实现的。它由各生产工艺环节在生产中的互相配合所形成的综合生产能力来决定，而不是孤立地由某一单个环节决定。因此，还要研究生产工艺的配合，以保证实现所要求的生产能力。

上述验证只是初步的，露天矿在开采技术上可能达到的生产能力，最后还要通过编制采掘进度计划做最终验证，并逐年安排落实。

对改建或扩建矿山尚需考虑已有运输线路的通过能力。

4.2.1　确定生产能力的影响因素

（1）市场需求因素。国民经济和社会需要，产品市场范围、容量和销售条件，国内、国外市场状况等。

（2）矿床地质条件及矿床的勘探程度和资源储量。确定矿山企业生产能力，必须建立在可靠的地质勘查资料和有足够规定级别的资源储量的基础之上。

（3）工艺技术和装备水平。必须充分考虑科技进步因素，在其他条件基本相同时，不同工艺技术可能得到不同的规模。同时，要考虑生产的可能条件，包括企业素质与规模，技术和装备的适用性。

（4）外部建设条件。包括材料供应、供电、供水、交通运输等供给条件，以及环境生态的承受能力。

4.2.2　按经济合理条件验证生产能力

验证经济上合理的生产能力，目前主要是根据露天矿的合理服务年限来论证。矿山服务年限是指矿山从投产到闭坑之间的时间。

在露天矿境界内矿石工业储量一定的情况下，矿山生产能力与矿山服务年限成反比。矿山生产能力大，则矿山服务年限短；反之，则矿山服务年限长。生产能力的大小决定了露天矿的服务年限，它们的关系是：

$$A_K = \eta Q(1 + \rho)/T \tag{4-3}$$

式中 A_K——矿石生产能力，t/a；

    Q——露天矿境界内矿石的工业储量，t；

    η——矿石回采率，%；

    ρ——废石混入率，%；

    T——露天矿正常服务年限，a。

目前我国矿山设计中，考虑露天矿正常服务年限的基本因素为：露天矿的合理服务年限应与其主要设备的磨损时间相适应。如果少于一定的年限，则露天矿的设备、建筑物等固定资产除采装运设备和部分可拆除的机器外，其余均将提前废弃。不仅如此，由露天矿供矿的选矿厂、冶炼厂，如果附近不能及时开发出新的能力相当的矿山接续供矿，也将提前废弃。这种情况是不合理的。

影响露天矿合理服务年限的因素还很多。如国家急需的资源，为了满足急需，允许缩短服务年限，加大其生产能力；对于开采条件好的富矿、小矿，附近远景储量大的露天矿，地下水大的露天矿，服务年限也可以适当缩短；对于矿区内有几个采场的露天矿，单个采场的服务年限也可以缩短。

露天矿的生产能力不同，将影响其基建投资和年经营费（矿石成本）。一般情况下，单位产品的基建投资和生产成本随生产能力的提高而降低，而总投资随生产能力的提高而加大。因此，有可能出现生产能力大、总投资较高而成本较低，以及生产能力较小、总投资少而成本较高的两类互相矛盾的方案。评价方案的优劣可以用基建投资返本年限这一指标来衡量。如果返本年限太长，说明资金周转太慢，方案不合理。

矿山实际服务年限不包括基建时间在内，要求最少 3 年以上。表 4-1 为主要矿产矿山最低开采规模和最低服务年限规划表，仅供参考。

表 4-1 矿山最低开采规模和最低服务年限规划表

矿产名称	开采规模单位	矿山最低开采规模			矿山最低服务年限/年			备注
		大型	中型	小型	大型	中型	小型	
油页岩	矿石 万吨	200	50	20	30	20	10	
地下热水	万立方米	20	10	5				
铁	矿石 万吨	200	60	5				露天开采
		100	30	5				地下开采
锰	矿石 万吨	10	5	2				
铜	矿石 万吨	100	30	3	20	15	5	
铅	矿石 万吨	100	30	3	20	15	10	
锌	矿石 万吨	100	30	3	20	15	10	
钨	矿石 万吨	80	40	5	20	15	10	

矿产名称	开采规模单位	矿山最低开采规模			矿山最低服务年限/年			备注
		大型	中型	小型	大型	中型	小型	
锡	矿石 万吨	100	30	3	20	15	10	
钼	矿石 万吨	100	30	3	20	15	10	
锑	矿石 万吨	100	30	3	20	15	10	
岩金	矿石 万吨	15	6	3	20	10	5	
银	矿石 万吨	30	20	5	20	10	5	
重稀土	矿石 万吨	100	50	10	30	20	10	
轻稀土	矿石 万吨	100	50	15	30	20	10	
普通萤石	矿石 万吨	10	8	3	15	10	5	
高岭土	矿石 万吨	30	20	5	20	15	5	
陶瓷土	矿石 万吨	10	5	3	20	15	5	
玻璃用砂	矿石 万吨	30	10	5	20	15	5	
硫铁矿	矿石 万吨	50	20	5	20	15	5	
水泥用灰岩	矿石 万吨	100	50	30	20	15	10	
膨润土	矿石 万吨	10	5	3	20	15	5	
砖瓦用黏土	矿石 万吨	30	13	6	20	15	5	
建筑用石料	矿石 万立方米	30	10	5	20	15	5	
饰面用花岗岩	矿石 万立方米	4	2	1	15	10	5	

4.2.3 按采矿技术条件验算生产能力

一个露天矿的生产能力，除受矿床资源限制外，还受矿山具体的技术条件及技术水平所限。矿山采矿技术条件方面可能达到的生产能力，可从以下两方面进行验算。

4.2.3.1 按可能布置的挖掘机工作面数目验证生产能力

挖掘机是露天矿的主要采掘设备，选定挖掘机后，露天矿的生产能力直接取决于可能布置的挖掘机数。可能布置的挖掘机总数决定了矿岩生产能力，其中可能布置的装矿挖掘机数决定了采矿生产能力。

（1）首先确定一个采矿台阶可能布置的挖掘机台数：

$$N_{WK} = L_T/L_C \tag{4-4}$$

式中 N_{WK}——一个采矿台阶可能布置的挖掘机数，台；

L_T——台阶工作线长度，m；

L_C——采区长度，即一台挖掘机正常工作线长度，m。

对于铁路运输，要求 $N_{WK} \leqslant 3$。

（2）计算可能同时采矿的台阶数。对于较厚的倾斜矿体，根据图 4-1 的几何关系计算：

$$M = N_0 \pm N_0 \cdot \tan\varphi\cot\gamma$$

$$N_0 = M / (1 \pm \tan\varphi\cot\gamma)$$

$$n_K = N_0 / (B + h\cot\alpha) = M / [(1 \pm \tan\varphi \cot\gamma)(B + h\cot\alpha)] \tag{4-5}$$

式中　n_K——可能同时采矿的台阶数；

　　　　N_0——工作帮坡线水平投影，m；

　　　　M——矿体水平厚度，m；

　　　　B——工作平盘宽度，m；

　　　　h——台阶高度，m；

　　　　α——工作台阶坡面角，（°）；

　　　　γ——矿体倾角，（°）；

　　　　φ——工作帮坡角，（°）；

　　　　$\pm$——按推进方向取加或减，"+"用于由下盘向上盘推进，"-"用于由上盘向下盘推进。

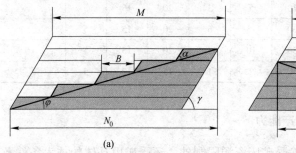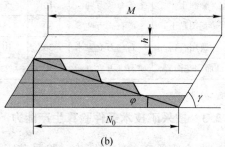

图 4-1　同时进行采矿的台阶数

（a）由上盘向下盘推进；（b）由下盘向上盘推进。

（3）计算整个露天矿可能的生产能力：

$$A_K = N_{WK} \cdot N_k \cdot Q_{WK} \tag{4-6}$$

式中　Q_{WK}——采矿挖掘机平均生产能力，t/a。

单斗挖掘机每立方米斗容年生产能力，宜按表 4-2 的规定选取。

表 4-2　单斗挖掘机每立方米斗容年生产能力　　　　　　（$\times 10^4 \mathrm{m}^3/\mathrm{a}$）

运输方式	坚硬岩石	中硬岩石	表土或不需爆破的岩石
汽车运输	15~18	18~21	21~24
铁路运输	12~15	15~18	18~21

注：机械传动单斗挖掘机（电铲）宜取低值，液压挖掘机宜取高值。

4.2.3.2 按矿山工程延深速度验证生产能力

露天矿在生产过程中，工作线不断往前推进，开采水平不断下降，直到最终境界，即矿山工程沿水平和向下两个方向发展。通常用工作线水平推进速度和矿山工程延深速度两个指标来表示开采强度。显然，开采强度越高，采出的矿石也越多。

对于矿体埋藏条件为水平和近水平的露天矿来说，基建期结束后，一般不存在延深的问题，此时露天矿的生产能力主要取决于工作线水平推进速度。

金属矿多数是倾斜和急倾斜矿体，因此，延深快意味着获得矿量多。当然，不能只顾延深而忽视上部各水平的推进，要用水平推进来保证延深，两个速度之间要满足一定的关系（这一关系如图4-2所示），即：

$$v_{\mathrm{T}} = v_{\mathrm{Y}}(\cot\theta + \cot\varphi) \tag{4-7}$$

式中　v_{T}——工作线水平推进速度，m/a；

　　　v_{Y}——矿山工程延深速度，m/a；

　　　φ——工作帮坡角，(°)；

　　　θ——延深角，即延深方向（该水平开段沟与上一水平开段沟位置错动方向）和工作线水平推进方向的夹角，(°)。

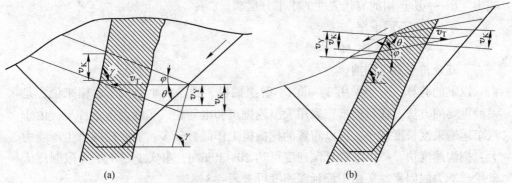

图4-2　矿山工程延深速度与工作线推进速度及采矿工程延深速度的关系
(a) 凹陷露天矿；(b) 山坡露天矿

在 φ、θ 一定的情况下，要加快延深速度，必须相应地加快水平推进速度。否则，将影响延深，或破坏露天矿正常生产条件，出现采剥失调。山坡露天矿在 $\theta > 90°$ 的情况下，水平推进对延深影响较小，凹陷露天矿则影响较大。

延深速度有两个概念，一个是矿山工程延深速度，另一个是采矿工程延深速度。矿山工程一般包括剥离工程、采矿工程和新水平准备。这里所说的矿山工程，仅就新水平准备而言，由掘沟工程和为保证下水平掘沟所需的扩帮工程组成。矿山工程延深速度是根据新水平的准备时间所完成延深的台阶高度，折合每年下降的进尺（m/a）来计算：

$$V_Y = 12h/T_0 \tag{4-8}$$

式中　T_0——新水平准备时间, 月, 可以通过编制新水平准备进度计划图表确定;

　　　　h——新水平台阶高度, m。

矿山工程延深速度与采矿工程延深速度两者的意义不同, 采矿工程延深速度是指露天矿境界内被开采矿体的水平面每年垂直下降的米数 (m/a)。它们之间的几何关系及数量关系 (如图 4-2) 为:

$$v_K = v_Y \frac{\cot\varphi + \cot\theta}{\cot\varphi + \cot\gamma} \tag{4-9}$$

式中　v_K——采矿工程延深速度, m/a。

计算矿石生产能力, 采用采矿工程延深速度较接近实际。但一般露天矿掘沟的部位都在离矿体很近的顶、底盘位置或在矿体中, 故两者相差很少, 可以用矿山工程延深速度初步计算矿石生产能力。

露天矿按延深速度可能达到的生产能力用下式计算:

$$A_k = \frac{v_Y}{h}P\eta(1 + \rho) \tag{4-10}$$

式中　P——所选用的有代表性的水平分层矿量, t;

　　　　η——矿石回采率,%;

　　　　ρ——废石混入率,%;

　　　　其余符号意义同前。

以上的验算, 对于采用 $3 \sim 4m^3$ 小型挖掘机、铁路或小型汽车运输来说, 是一种重要的方法。在目前推广采用大型挖掘机和电动轮汽车的设备条件下, 由于汽车运输采区长度较小, 可以布置的挖掘机工作面数较多, 加之挖掘机生产能力大, 掘沟速度快, 矿山工程延深速度可达 $20 \sim 30m/a$, 事实上已不成为限制露天矿生产能力的因素。矿山工程延深速度可查表 4-3。

表 4-3　一般矿山工程延深速度　　　　　　　(m/a)

开拓运输方式		采场状态	一般延深速度/m·a^{-1}
铁路运输	固定干线	山坡露天	8~10
		深凹露天	6~8
	移动干线	山坡露天	—
		深凹露天	6~8
汽车运输		山坡露天	14~18
		深凹露天	12~14

注: 铁路开拓的矿山, 当采用汽车运输掘沟时, 延深速度可适当提高。

开采近似水平或缓倾斜矿体时，根据工作帮水平最大推进速度确定矿山可能达到的生产能力，即：

$$A = v_s m_0 L_m \gamma \frac{\eta}{1-e} \qquad (4\text{-}11)$$

$$v_s = \frac{NQ}{L_a h}$$

式中　A——露天矿可能达到的年生产能力，t/a；

v_s——工作帮水平最大推进速度，m/a；

m_0——矿体垂直厚度，m；

N——同时工作的采矿掘挖机数，台；

Q——挖掘机台年生产能力，t/a；

L_m——采场内矿体长度，m；

L_a——采矿工作线总长度，m；

γ——矿石容重，t/m³；

η——矿石回采率，%；

e——废石混入率，%。

矿山工程延深速度可参照表4-4中类似矿山数据。

表4-4　我国部分露天矿山工程延深速度

矿山名称	开拓运输方式	延深速度/m·a⁻¹		备　注
		平均	最高	
南芬铁矿	山坡露天，汽车平硐溜井开拓	12	—	
东鞍山铁矿	山坡露天，铁路固定干线开拓，80t 电机车运输	9.4	15	最高值指 180~170m 水平
大冶铁矿	山坡露天，铁路固定干线开拓，80t 电机车运输	20	24	最高值指 144~96m 水平
凤凰山铁矿	深凹露天，汽车开拓运输	6.6		
白银厂铜矿	深凹露天，汽车开拓运输	12		
弓长岭独木采场	深凹露天，汽车开拓运输	18		陡帮开采
金岭铁矿	深凹露天，斜坡卷扬开拓	8~9	12	最高值指+5~-7m 水平

采用陡帮开采、分期开采或投产初期台阶矿量少下降速度快的矿山，可按新水平准备时间确定下降速度，即：

$$t_a = t_1 + t_2 + t_3 = \frac{V_1 + V_2 + V_3}{cQ} \qquad (4\text{-}12)$$

$$v = \frac{12h}{t_a}$$

(4-13)

式中　　t_a——新水平准备的总时间，月；

t_1，t_2，t_3——分别为掘斜沟、开段沟、扩帮所需的时间，月；

V_1，V_2，V_3——分别为斜掘沟、开段沟、扩帮的工程量，m^3；

v——矿山工程延深速度，m/a；

h——阶段高度，m；

c——挖掘机效率降低系数：汽车运输时，一般 $c = 0.95 \sim 0.85$，铁路运输时，一般 $c = 0.8 \sim 0.6$；

Q——挖掘机每月效率，m^3。

4.3　矿山工作制度

为了保证设备的维护与检修，《冶金矿山采矿设计规范》（GB 50830—2013）对矿山的工作制度做了明确的规定："矿山宜采用连续工作制，年工作天数宜为 300 ~ 330d，每天宜为 3 班，每班宜为 8h"。

矿山的工作制度可根据具体条件采用年工作天数为 330 天的连续工作制度或 306 天的间断工作制度。如，特大型和大、中型矿山，宜采用每周 6 天、每天 3 班、每班 8 小时的间断工作制，年工作天数为 306 天；一些中小型矿山，也可采用每天 2 班、每班 8 小时的间断工作制。对于采选联合企业，为配合选矿生产的连续性，经常采用年工作日数为 330 天的连续工作制。矿山生产实际中，通常，从事采掘生产的主要工种采用四六制（即每天 4 班，每班工作 6h），而通风、排水、运输和提升等辅助工种采用三八制（即每天 3 班，每班工作 8h）。

当矿尘中有毒或有毒矿物含量较高、矿石中含有放射性物质、井下淋水量或滴水量较大时，作业工人每班的工作时间可适当缩短。某些情况下，为提高采矿强度，也可采用连续工作制。

学生在进行毕业设计时，应参照上述内容，对设计矿山的工作制度做出明确的安排，并且在生产安排时，如果同时采用两种工作制度，要注意安排好作业班次的衔接工作。

5 设备选型

5.1 设计内容与任务

5.1.1 设计任务

露天开采工程主要由穿孔、爆破、采装、运输组成。这四项工作与露天开采设备密不可分，是露天开采的关键。同时，露天开采的成本主要由开采设备的损耗和油耗组成，因此，露天开采设备的选择对露天开采的工艺过程、开采成本起着支配作用。

设备选型主要应了解和掌握以下内容：

(1) 了解设备选型的基本方法；

(2) 掌握铲装设备的选型方法

(3) 掌握与铲装设备配套的运输和穿孔设备的选型方法；

(4) 掌握辅助设备的选型方法。

5.1.2 设计内容

根据设计的具体内容，本章的标题为"设备选型"，可分为2小节：

(1) 主体设备的选型。根据矿床开拓、矿山生产能力部分的主要设计内容，叙述本章设计的基础资料（或基本条件）、选择的原则，先确定铲装设备的选型，再进行运输和穿孔设备的选型。

(2) 辅助设备选型。对矿山其他辅助设备进行选型。

5.2 设备选型的要求和基本方法

设备的选型是矿山设备管理的一个重要环节，其目的是为生产选择最优的技术装备，即技术先进、经济合理、安全可靠、维修方便和生产实用的设备。

设备选型一般应从以下几个方面考虑：

(1) 根据生产和工艺上的要求及有关方面的条件，选择设备的种类、型号和数量。

（2）根据生产规模、工作量的大小和特点等因素，选择与工作能力、额定功率（容量）等主要技术性能参数相适应的设备。

（3）对于危险性较大的特种设备，应选购取得生产许可证或经过批准认可的单位设计制造的产品。

挖掘机生产能力直接决定着露天矿的生产能力，因此必须首先对挖掘机进行选型。

设备选型的一般方法是：首先选择合适的铲装设备，再确定与之配套的运输设备，然后选择钻孔设备。主体设备合理配套之后，再选择确定辅助设备。

设备选型还要与开拓运输方案统一考虑，使装载运输成本低，机动灵活，经济合理。

5.3　铲装设备选型

5.3.1　挖掘机选型

5.3.1.1　选型原则

单斗挖掘机主要根据矿山规模、矿岩采剥总量、开采工艺、矿岩物理力学性质、设备供应情况等因素选型。

特大型露天矿，一般应选用斗容不小于 $8\sim10m^3$ 的挖掘机；大型露天矿，一般应选用斗容为 $4\sim10m^3$ 的挖掘机；中型露天矿，一般应选用斗容为 $2\sim4m^3$ 的挖掘机；小型露天矿，一般应选用斗容为 $1\sim2m^3$ 的挖掘机。

采用汽车运输时，挖掘机铲斗容积与汽车载重量要合理匹配，一般情况，1 车应装4~6 斗。

表 5-1 和表 5-2 为常见机械式单斗挖掘机主要型号技术参数。

5.3.1.2　挖掘机生产能力计算

挖掘机的生产能力可依下式计算：

$$Q_c = \frac{3600qK_M T\eta}{tK_p} \tag{5-1}$$

式中　Q_c——挖掘机台班生产能力，m^3；

　　　q——挖掘机铲斗容积，m^3；

　　　t——挖掘机铲斗循环时间，s；

　　　K_M——挖掘机铲斗满斗系数；

　　　K_p——矿岩在铲斗中的松散系数；

　　　T——挖掘机班工作时间，h；

　　　η——班工作时间利用系数。

表 5-1 常见进口机械式单斗挖掘机主要型号技术参数

国别	生产厂家	型号	铲斗容积/m³	动臂长度/m	最大挖掘高度/m	最大挖掘半径/m	最大卸载高度/m	最大卸载半径/m	最大提升力/kN	提升速度/m·s⁻¹	行走速度/km·h⁻¹	爬坡能力/(°)	主电动机功率/kW	整机重量/t
美国	比塞路斯伊利公司	195B	6~12.9	12.7	12.7	17	8	14.8	1020	67.1	2.22	16	448	334
		280B	6.1~16.8	15.3	13.34	19	8.3	16.5	1130	68.6	1.72	14	522	440
		295B	10~19.1	15.3	15.1	19.4	9.6	16.8	1440	53.6	1.45	19	597	545
		395B	26	17.1	17.7	23.3	11.6	19.9	2400	54	2.0	19	1500	839
		191M	9.2~15.3	12.2	16.7	21.6	10.8	18.4	934	68	1.76	16	597	438
	马里昂铲机公司	192M	11.5~19.4	15.5	16	21.5	10	18.7	1050	55	1.3	19	597	526
		201M	13.8	15.7	8.7	20.6	10.2	17.5	1400	55	1.28	19	746	578
		251M	15.3~26.8	15.85	21	24.3	11	21.7	1800	53	1.3	17	1250	670
		291M	19.0	16.5	21.03	23.98	14.78	23.2	1361	53	1.2	17	1500	947
	哈尼斯弗格公司	P&H1900	7.7	12.1	13.3	17.6	8.5	15.4	942	43.4	1.38	16.7	300~450	270
		P&H2100	11.5	13.4	13.3	18.3	8.5	16	1137	44.4	1.61	16.7	450~600	476
		P&H2300	12.2~15.2	15.2	15.5	20.7	10.3	18	1583	58.2	1.45	16.7	550~700	621
		P&H2800	19	15.5	16	23.6	10.2	21	2073	56.6	1.44	16.7	650~800	851
俄罗斯	乌拉尔重型机械厂	ЭКГ-6.3	6.3	16	17.8	19.8	11.4	17.9	500	65	0.65	12	320	357
		ЭКГ-8	6~8	12	9.5	17.4	8.4	15.5	700	60	0.8	12	520	370
		ЭКГ-12.5	12~16	18	16.9	22.5	11.7	19.9	1300	66	0.5	12	1250	660
		ЭКГ-20	20~25	17	18.0	24.0	12.0	21.0	1800	-	0.9	12	2500	1059

表5-2　常见国产机械式单斗挖掘机主要型号技术参数

型号	WK-2	WD200A	WK-4	WK-10	WD1200	WK-12	195B
铲斗容积/m³	2	2	4	10	12	12	12.9
理论生产率/m³·h⁻¹	300	280	570	1230	1290	1540	1400
最大挖掘半径/m	11.6	11.5	14.4	18.9	19.1	18.9	16.9
最大挖掘高度/m	9.5	9.0	10.1	13.6	13.5	13.6	12.7
最大挖掘深度/m	2.2	2.2	3.4	3.4	2.6	3.4	3.0
最大卸载半径/m	10.1	10.0	12.7	16.4	17.0	16.4	14.8
最大卸载高度/m	6.0	6.0	6.3	8.6	8.3	8.5	8.0
回转90°时工作循环时间/s	24	18	25	29	28	28	25
最大提升力/kN	265	300	530	1029	1150	1029	1020
提升速度/m·s⁻¹	0.62	0.54	0.88	1.0	1.08	1.0	1.1
最大推压力/kN	128	244	340	617	690	617	710
推压速度/m·s⁻¹	0.51	0.42	0.53	0.65	0.69	0.65	0.70
动臂长度/m	9.0	8.6	10.5	13.0	15.3	13.0	12.7
接地比压/MPa	0.13	0.13	0.25	0.23	0.28	0.23	0.25
最大爬坡能力/(°)	15	17	12	13	20	13	16
行走速度/km·h⁻¹	1.22	1.46	0.45	0.69	1.22	0.69	2.22
整机重量/t	84	79	190	440	465	485	334
主电动机功率/kW	150	155	250	750	760	2×800	448
主要生产厂家(公司)	杭州重型机械有限公司，抚顺挖掘机制造有限责任公司	杭州重型机械有限公司，江西采矿机械厂	太原重工股份有限公司，抚顺挖掘机制造有限责任公司	太原重工股份有限公司	抚顺挖掘机制造有限责任公司	太原重工股份有限公司	衡阳冶金机械厂，江西采矿机械厂

续表 5-2

型号	P&H2300XP	P&H2800XP	WK-20	WK-27	WK-35	WP-3（长）	WP-4（长）	WP-6（长）
铲斗容积/m³	16	23	20	27	35	3	4	6
理论生产率/m³·h⁻¹	1800	3200	3000	3030	4080	330	430	640
最大挖掘半径/m	20.7	23.7	21.2	23.4	24.0	17.9	24.9	24.3
最大挖掘高度/m	15.5	18.2	14.4	16.3	16.2	15.1	22.1	23.4
最大挖掘深度/m	3.5	4.0	5.5	4.6	4.5	3.35	2.9	3.6
最大卸载半径/m	18.0	20.6	18.7	21.0	20.9	16.42	23.35	21.2
最大卸载高度/m	10.3	11.3	9.1	9.9	9.4	11.4	18.3	17.7
回转90°时工作循环时间/s	28	28	30	32	30	33	33至	33
最大提升力/kN	1580	2080	2028	2150	2150	508	520	687
提升速度/m·s⁻¹	1.0	0.95	0.96	1.23	1.6	0.88	1.39	1.12
最大推压力/kN	950	1300	1120	790	850	220	240	392
推压速度/m·s⁻¹	0.70	0.65	0.47	0.63	0.65	0.53	0.53	0.75
动臂长度/m	15.2	17.68	15.5	17.68	17.68	15.5	23.3	22.0
接地比压/MPa	0.29	0.29	0.25	0.30	0.30	0.24	0.23	0.25
最大爬坡能力/(°)	16	16	13	12	12	10	10	12
行走速度/km·h⁻¹	1.45	1.43	1.08	1.73	1.08	0.45	0.82	0.69
整机重量/t	621	851	731	915	1035	213	350	498
主电动机功率/kW	700	2×700	2×800	2×900	2×1000	250	560	750
主要生产厂家（公司）	太原重工股份有限公司，第一重型机器厂	太原重工股份有限公司	太原重工股份有限公司	太原重工股份有限公司	太原重工股份有限公司		太原挖掘机股份有限公司，抚顺挖掘机制造有限责任公司	

挖掘机台班能力受各种技术和组织因素影响，如矿岩性质、爆破质量、运输设备规格、其他辅助作业配合条件和操作技术水平等。

挖掘机铲装循环周期与矿岩性质、爆破质量、设备性能、作业条件等因素有关，参考数值见表5-3。

表5-3　挖掘机工作循环时间 t 推荐值　　　　　　　　　　　　　(s)

挖掘机斗容/m³	挖掘工作条件			
	易于挖掘	比较易于挖掘	难于挖掘	非常难于挖掘
1.0	16	18	22	26
2.0	18	20	24	27
3.0~4.0	21	24	27	33
6.0~8.0	24	26	30	35
10.0~12.0	26	28	32	37
15.0	28	30	34	39
17.0	29	31	35	40

挖掘机铲斗满斗系数和矿岩在铲斗中的松散系数与矿岩的硬度及破碎程度、铲斗形式有关，参考数值见表5-4。

表5-4　铲斗装满系数 K_m 和物料松散系数 K_S 值

被挖掘物料性质	相当硬度系数 f	装满系数 K_m	松散系数 K_m
易于挖掘：如砂土和小块砾石等	0~5.0	0.95~1.05	1.2~1.3
比较易于挖掘：如煤、砂质黏土及土夹小砾石等	6.0~10	0.90~0.95	1.30~1.35
难于挖掘：如坚硬的砂质岩、较轻矿岩和页岩等	10~12	0.80~0.90	1.4~1.5
非常难于挖掘：如一般铜矿、铁矿岩爆堆等	12~18	0.70~0.80	1.5~1.8

挖掘机的生产能力与很多因素有关，其数值在生产过程中的变化幅度也很大。用以上计算式算出的数据，也只是近似值。在实际生产中，还常常依据大量的矿山生产统计数据适当选用。我国金属露天矿山推荐的挖掘机选型生产能力参考指标见表5-5。毕业设计挖掘机选型时，也可参考表5-8和表5-9。

表5-5　每台挖掘机生产能力推荐参考指标

铲斗容积/m³	计量单位	矿岩硬度系数 f		
		<6	8~12	12~20
1.0	m³/班	160~180	130~160	100~130
	万 m³/a	14~17	11~15	8~12
	万 t/a	45~51	36~45	24~36
2.0	m³/班	300~330	210~300	200~250
	万 m³/a	26~32	23~28	19~24
	万 t/a	84~96	60~84	57~72
3.0~4.0	m³/班	600~800	530~680	470~580
	万 m³/a	60~76	50~65	45~55
	万 t/a	180~218	150~195	125~165

续表 5-5

铲斗容积/m³	计量单位	矿岩硬度系数 f		
		<6	8~12	12~20
6.0	m³/班 万 m³/a 万 t/a	970~1015 93~100 279~300	840~880 80~85 240~255	680~790 65~75 195~225
8.0	m³/班 万 m³/a 万 t/a	1489~1667 134~150 400~450	1333~1489 120~134 360~400	1222~1333 110~120 330~360
10.0	m³/班 万 m³/a 万 t/a	1856~2033 167~183 500~550	1700~1856 153~167 460~500	1556~1700 140~153 420~460
12.0~15.0	m³/班 万 m³/a 万 t/a	2589~2967 233~267 700~800	2222~2589 200~233 600~700	2222~2411 200~217 600~650

注：1. 表中数据按每年工作 300d、每天 3 班、每班 8h 作业计算；
　　2. 均为侧面装车，矿岩容重按 3t/m³ 计算；
　　3. 汽车运输或山坡露天矿采剥取表中上限值，铁路运输或深凹露天矿采剥取表中下限值。

当挖掘机在特殊情况下作业时，它的生产效率比表 5-5 的推荐值还要低一些。在下列情况下，可做特殊处理：

（1）挖掘机在挖沟或采用选别开采作业时，一般采取正面装车，工作条件劣于侧面装车，致使工作效率降低；

（2）在矿山基建初期，由于技术熟练程度和管理水平比正常生产时期差一些，因此设备效率也得不到充分发挥。挖掘机在某些特殊条件下作业时，生产效率降低值分别见表 5-6 和表 5-7。

表 5-6　挖掘机挖沟作业（正面装车）生产指标参考值

铲斗容积/m³	年台班数	电动机车运输/m³·a⁻¹	自卸车运输/m³·a⁻¹
1.0	700	105000	143500
2.0	700	294000	416000
4.0	700	366000	475000
8.0	700	500000	650000
10.0	700	80000	950000

表 5-7　挖掘机在特殊条件下作业效率降低参考值

挖掘机工作条件	运输方式	作业效率降低值/%	挖掘机工作条件	运输方式	作业效率降低值/%
出入沟	机车运输	30	选别开采	汽车运输	5~10
出入沟	汽车运输	10~15	基建剥离	机车运输	30
开段沟	机车运输	20~30	基建剥离	汽车运输	20
开段沟	汽车运输	10~20	移动干线	机车运输	10
选别开采	机车运输	10~30	三角工作面装车	机车运输	10

国内外挖掘机的实际生产效率统计值见表5-8和表5-9。

表5-8　国外挖掘机采剥作业的台年生产效率

挖掘机型号	挖掘机斗容/m³	汽车实际载重量/t	最高台年生产率/万 t
120B	3.4	85	200
150B	4.6	85	300
190B	6.1	100	470
3kr-4	4.6	75	400
3kr-8	8.0	75	1000
280B	9.2	160	1032
P&H2100BL	11.5	116	1679
P&H2100BL	11.5	162	1679
P&H2300	16.8	120	2011
P&H2300	16.8	150	2011

注：矿岩硬度系数为 $f = 8 \sim 14$；运距为 $0.5 \sim 1.0$ km。

表5-9　国内一些露天矿挖掘机的台年生产效率

矿山名称	挖掘机斗容 /m³	运输设备 类型	矿岩硬度 f	运输距离 /km	线路坡度 /%	挖掘机综合 效率/万 t·a⁻¹
南芬露天铁矿	10 4 7.6	60~100t 汽车 27t 汽车 120t 电动轮汽车	14~18（矿） 8~12（岩）	1.3 1.5	6~8（下坡）	483.0 284.1 884.1
大孤山铁矿	10 4 7.6	80~150t 电动机车	12~16（矿） 8~12（岩）	11.6 13.5	2.0（上坡）	306.3 190.7 890.7
东鞍山铁矿	4	80t 电动机车	12~16（矿） 6~8（岩）	7 7	3.5（下坡）	246.4
眼前山铁矿	4 6.1	80~150t 电动机车 60t 汽车	12~16（矿） 8~12（岩）	2 11	2.5（下坡）	391.75 150.25
齐大山铁矿	4	20t 汽车 80t 电动机车	12~18（矿） 5~12（岩）	0.67 5.24	8（下坡） 2.2（下坡）	351.0 129.5
歪斗山铁矿	4	80t 电动机车	12~15（矿） 8~10（岩）	1.0 1.3	3.7（下坡）	148.0
大宝山铁矿	4	12~15t 汽车	4~8（矿） 4~7（岩）	1.0 1.3	3.0（上坡）	76.1
白云鄂博铁矿	4 6.1	80~150t 汽车	8~16（矿） 6~16（岩）	3.0 4.0	3.5（下坡）	82.3 132.4
大石河铁矿	3 4	80t 电动机车 27t 汽车	8~16（矿） 8~10（岩）	1.0 1.6	6~8（上坡）	198.6 202.2

矿山名称	挖掘机斗容 /m³	运输设备 类型	矿岩硬度 f	运输距离 /km	线路坡度 /%	挖掘机综合 效率/万 t·a⁻¹
大冶铁矿	3	80~150t 电动机车	10~14（矿）	1.6	8（上坡）	101.3
	4	32t 汽车	8~12（岩）	1.57		109.7
德兴铜矿	16.8	100t 汽车	6~8（矿）	0.43	0（平）	1673.2
	4	27t 汽车	5~7（岩）	0.91		88.7*
铜绿山铜矿	10	100t 汽车	6~15（矿）	2.1	6~8（上坡）	485.1
	4	27t 汽车	4~12（岩）	3.1		39.3
朱家包包铁矿	4	80~150t 电动机车	12~14（矿）	9	3.5（下坡）	81.3
		25t 汽车	10~14（岩）	8		
海城镁矿	4	27t 汽车	4~8（矿）	1.4	10（下坡）	114.3
	1	窄轨电动机车	4~6（岩）	1.4		37.3
水厂铁矿	4	27t 汽车	12~14（矿）	1.0	7（下坡）	173.2
	10	80t 电动机车	8~10（岩）	1.3	1.5（下坡）	491.6
柳河峪铜矿	4	27t 汽车	8~12（矿）	1.0	6~8（下坡）	294.9
			8~10（岩）	1.3		
兰尖铁矿	4	20~27t 汽车	12~18（矿）	1.0	8（下坡）	212.1
			10~16（岩）	1.3		
海南铁矿	4	80t 电动机车	10~15（矿）	3.0	3.0（下坡）	122.6
	3	32t 汽车	4~10（岩）	4.4		69.7
乌龙泉石灰石矿	4	80t 电动机车	6~10	2.6	1.2（下坡）	135.5
	3	20t 汽车		3.5	2.5（下坡）	124.5
北京密云铁矿	4	25t 汽车	10~12（矿）	0.6	8（上坡）	80.0
	2	15t 汽车	8~10（岩）	0.7		47.5
金堆城钼矿	4	25t 汽车	6~10（矿）	3.0	6~8（上坡）	50.0
	3		6~8（岩）	5.0		24.4

基本建设时期，挖掘机逐年生产能力一般为：第一年为设计能力的 70%，第二年为设计能力的 85%，第三年达到 100%。

5.3.1.3 挖掘机设备数量计算

矿山所需挖掘机台数，可按式（5-2）计算：

$$N = A/Q_s \tag{5-2}$$

式中　N——挖掘机台数，台；

　　　A——年采剥量，万 m³/a；

　　　Q_s——挖掘机台年生产能力，万 m³/a，Q_s 值可通过计算或参考挖掘机实际台年生产能力选取，并要考虑效率降低因素。

露天矿生产配备的挖掘机台数不考虑备用数量。但不应少于2台。如果采矿和剥离作业的工作制度不同、设备型号不同以及生产效率相差较大时，可以分别计算采矿和剥离作业所需要的挖掘机台数。此外，若矿山还有其他工程，如修路、整理道坡和边坡及倒堆等，还可考虑配备前装机、铲运机和推土机等辅助设备。

5.3.2　前装机（轮胎式装载机）

前装机（轮胎式装载机）具有机动灵活、重量轻、操作方便和造价较低等许多优点，所以在中小型矿山有可能成为主采设备，取代单斗挖掘机。

5.3.2.1　选型原则

前装机的选型原则为：

（1）选择前装机应以系列产品为主，并且尽量使设备型号一致，给矿山管理和维修工作提供方便，从而延长前装机的使用寿命和运营成本。

（2）前装机作为露天矿主要采装设备时，应进行生产能力计算。要选择铲取力和功率较大、适应性较强的装载机，并能与采用的汽车等运输设备相互配套。

（3）前装机作为露天矿辅助设备时，不但要考虑额定载重量和牵引力等主要技术性能是否能适应矿山生产复杂性的要求，还要考虑作业项目的零散性对装载机效率的影响。

（4）前装机有轮胎式和履带式两种类型。轮胎式装载机的行走速度快，机动灵活，应用较广；履带式装载机主要用于松软黏土质矿床或表土的铲装工作。

常见国产轮胎式装载机的主要技术性能参数可参考表5-11。轮胎式和履带式前装机性能比较见表5-10。

表 5-10　履带式与轮胎式前装机性能的比较

性能比较内容	爬坡能力/%	对储堆的压实性/%	作业速度/(km/h)	多性能	年生产能力	装运成本	相同斗容设备价格	可铲爆堆高度/m	行走稳定性	主要应用范围
履带式	65	25~30	<1.3	差	低	较高	高	7~8	差	软地面，清理地面和堆土作业
轮胎式	25	70~80	<29	好	高	较低	低	8~11	好	硬地面，储堆工作和公用事业建筑

表 5-11 常见国产轮胎式装载机的主要技术性能参数

型　　号	ZL20	ZL30	ZL40	ZL50	ZL50C	ZL60D
额定斗容/m³	1	1.5	2	3	3.1	3.3
额定载重量/t	2	3	4	5	5.5	6
最大卸载高度/mm	2630	2800	2800	3050	2910	3100
卸载距离/mm	810	720	1120	1280	1150	1240
最大牵引力/kN	50	58	105	137	119	120
最大爬坡能力/(°)	25	25	28	28	28	25
最小转弯半径/mm	4600	4980	5260	5610	6450	6440
最高挡行速/km·h⁻¹	28	28	35	38	42	42
倒挡速度/km·h⁻¹	13	15	15	16	42	42
机器最大长度/mm	5660	6000	6450	7080	7540	8410
机器最大宽度/mm	2150	2350	2500	2940	2970	3070
机器行走高度/mm	2700	2800	3170	3370	3320	3560
机器工作重量/t	7.1	9.2	11.5	15.8	17.1	20.1
轴距/mm	2360	2500	2660	2760	3170	3350
轮距/mm	1680	1800	1950	2200	2250	2250
发动机功率/kW	55	70	100	163	154	184
动臂举升时间/s	7	7.5	7.5	7.5	7.5	7.4
液力变矩系数	3.9	3.9	4.7	4.7	4.7	4.7
轮胎规格	12.5-20	14.00-24	16.00-24	24-25	24-25	24-25
主要生产厂家（公司）	成都工程机械厂，青州工程机械厂，山东工程机械厂	成都工程机械厂，宜春工程机械厂，徐州工程机械厂	徐州工程机械厂，厦门重工机械设备有限公司，锦州工程机械厂	徐州工程机械厂，厦门重工机械设备有限公司，柳州工程机械厂	厦门重工机械设备有限公司，柳州工程机械厂，郑州工程机械厂	厦门重工机械设备有限公司，柳州工程机械厂，郑州工程机械厂

型　　号	WA420	ZLM60	ZL60E	WA470	ZL70	ZL90	QJ-5
额定斗容/m³	3.5	3.5	3.3	3.9	4	4.5	5
额定载重量/t	6	6	6	7	7	9	10
最大卸载高度/mm	3000	3010	3060	3070	3310	3320	3600
卸载距离/mm	1210	1150	1230	—	1440	1780	1600
最大牵引力/kN	175	172	170	188	245	285	288

型　号	WA420	ZLM60	ZL60E	WA470	ZL70	ZL90	QJ-
最大爬坡能力/(°)	25	30	30	25	25	30	25
最小转弯半径/mm	5650	5960	6780	5820	7520	8330	7480
最高挡行速/km·h⁻¹	32	35	43	34	34	32	31
倒挡速度/km·h⁻¹	34	33	27	35	15	13	29
机器最大长度/mm	8320	8100	8100	8850	9000	9160	9360
机器最大宽度/mm	2820	2870	3100	3010	3300	3400	3660
机器行走高度/mm	3400	3550	3460	3490	3800	3900	3900
机器工作重量/t	18.4	19.5	20.3	21.7	27.1	36.1	37.1
轴距/mm	3300	3300	3350	3400	3650	3800	3600
轮距/mm	2200	2200	2250	2300	2500	2680	2670
发动机功率/kW	167	162	161	214	222	296	296
动臂举升时间/s	7.5	6.8	7.1	7.0	7.9	9.5	9.8
液力变矩系数	4.7	4.7	4.7	4.7	3.4	4.7	3.7
轮胎规格	24-25	24-25	26-25	26-25	29-29	29-29	29-29
主要生产厂家（公司）	柳州工程机械厂，常州工程机械厂，宣化工程机械厂	柳州工程机械厂，常州工程机械厂，宣化工程机械厂	徐州工程机械厂，厦门重工机械设备有限公司，柳州工程机械厂	徐州工程机械厂，柳州工程机械厂，常州工程机械厂	厦门重工机械设备有限公司，柳州工程机械厂，沈阳矿山机器厂	柳州工程机械厂，沈阳矿山机器厂	柳州工程机械厂，沈阳矿山机器厂

5.3.2.2　前装机的数量

前装机数量的选择分两种情况。

A　前装机作为主挖掘设备

按矿山设计生产能力计算台数。已知露天矿山设计生产能力，生产所需的前装机数量可按下式计算：

$$N_b = \frac{A_n K_j}{Zm Q_b} \tag{5-3}$$

式中　N_b——前装机数量，台/班；

　　　A_n——矿山年剥总量，t；

　　　K_j——工作不均衡系数，一般取 $K_j = 1.10 \sim 1.20$；

　　　m——前装机年工作天数；

Z——前装机日工作班数;

Q_b——前装机的班生产能力,t/班。

一般情况下,前装机的生产能力可由前述有关公式计算选取,也可根据推荐指标确定。目前多是把计算值和推荐值综合起来考虑,确定出较合理的数据。

B 前装机与挖掘机相配合做辅助装运卸设备

在国内外的大型露天矿山,前装机主要作为辅助设备使用。如爆堆的堆积、清理工作面、填塞炮孔、清除积雪和排土倒堆等,其作用与推土机相似。

前装机总台数与挖掘机台数之比为 (1~1.5):1,其斗容与挖掘机斗容之比为 (0.8~1):1。零散辅助作业所需要的前装机数量,可按实际工作时间而定:小于4h,配备一台;大于4h,每增加5个工作面,增加一台前装机。

5.4 自卸汽车选型

露天矿采场运输设备的选择主要取决于开拓方式,露天矿主要运输方式的选用条件及特点见表5-12。

影响露天矿自卸汽车选型的因素很多,其中最主要的是矿岩的年运量、运距、挖掘机等装载设备斗容的规格及道路技术条件等。

在露天矿汽车运输设备中,普遍采用后卸式自卸汽车。载重量小于7t的柴油自卸汽车常与斗容$1m^3$的挖掘机匹配,用以运送松软土岩和碎石;中小型露天矿广泛使用10~20t的机械传动的柴油自卸汽车;大型露天矿使用载重量大于20t的具有液压传动系统的柴油机自卸汽车和载重量大于75t的具有电力传动系统的电动轮自卸汽车。

表 5-12　露天矿主要运输方式的选用条件及特点

运输方式	选 用 条 件	特 点
公路汽车运输	1. 地形条件和矿体产状复杂,矿点多且分散的矿床;2. 需要分采分运的矿床;3. 用陡帮开采工艺;4. 运距一般在3km内但采用电动轮自卸汽车的大型露天矿,其合理运距可适当加大;5. 不适于泥质,多水和全松散砂层的露天矿,也不适于多雨或水文地质条件复杂,且疏干效果不好,含泥量高的露天矿	1. 线路坡度大,转弯多,转弯半径小,因而线路工程量少,基建时间短,基建投资少;2. 便于采用高、近分散排弃场;3. 与机车运输相比,机动灵活,适应性强,可提高挖掘机效率20%~30%;4. 深凹露天矿可减少基建剥离量和扩帮量;5. 燃油和轮胎消耗量大,设备利用率低,运输成本高,经济运距短;6. 汽车排出废气污染环境

运输方式	选用条件	特　点
铁路运输	1. 准轨铁路适用于地形和矿体产状简单的大型露天矿；2. 山坡露天矿比高可达200m 左右；3. 深凹露天矿比高在 160m 以内，如采用牵引机组运输，比高可达300m；4. 窄轨铁路适用于地形简单，比高较小的中、小型露天矿	1. 运输量大；2. 线路工程量大，基建投资多，基建时间长；3. 采场和剥离物排弃场移道工作量大；4. 比汽车公路线路坡度小，因此，采深受限制，一般为 200~250m；5. 经济合理的运距长，一般在 4km 以上
公路-铁路联合运输	1. 走向长、宽度和垂深均较大的深凹露天矿，其浅部用铁路运输，深部用公路运输；2. 上部露天地形复杂，比高较大，中部露天采场较宽广，地形允许布置准轨铁路线，深部露天采场尺寸较窄小且高差大的露天矿，其上部及深部用公路运输，中部用铁路运输；3. 地表地形平缓、平面尺寸很大的大型深凹露天矿，如山坡部分比高在 200m 以内，可优先考虑用外部堑沟的公路-铁路联合运输	1. 充分发挥公路运输和铁路运输各自的优点，如汽车公路爬坡能力大，机动灵活，铁路运量大等；2. 除小型矿山直接转载外，多数矿山一般均设置转载站（或转载矿仓）
公路（或窄轨）-平硐溜井联合运输	1. 比高较大的高山型矿床，一般要求比高大于 120m，地形坡度小于 30°；2. 溜井一般只适用于溜放矿石，只有当废石不能直接运往排弃场或不经济，且岩性较好时，才用溜井溜放岩石；3. 一个溜井一般只适用于溜放一种矿石，多品级矿山应有专用溜井；4. 矿石黏结性大，在溜井放矿中产生堵塞或矿石易碎，溜放中产生大量粉矿，严重降低矿石价值时，不宜用平硐-溜井运输；5. 平硐溜井位置，只适用于布置在工程地质条件较好，岩层整体性好的坚固地段，避免布置于水文地质复杂、有较大断裂破碎带地段	1. 利用矿岩自重向下溜放，可减少运输设备和运输线路工程量；2. 可缩短运距，使矿石生产成本低，经济效果好；3. 溜井平硐基建工程量较大，施工工期较长；4. 生产能力大；5. 节省能源
公路-破碎站-胶带机联合运输	1. 运量较大，运距较长、垂高较深和服务年限较长的大型或特大型露天矿，一般当矿石产量超过 1000 万 t/a 较合适；2. 一般不适于开采深度小于 100m 的露天矿	1. 生产能力大；2. 能克服较大的地形高差；3. 矿岩运输低于汽车运输的运费

　　自卸汽车载重等级与挖掘机斗容配比可参考表 5-13。

　　为了充分发挥汽车运输的经济效益，对于年运量大、运距短的矿山，一般应选择载重大的汽车；反之，应选择载重小的汽车。

　　表 5-14 为露天矿常用自卸汽车适用的年运量范围。

表 5-13 自卸汽车载重等级与挖掘机斗容配比

汽车载重吨级/t	7	15	20	32	45	60	100	150
挖掘机斗容/m³	1	2.5	2.5	4	6	6	10	16
装车斗数/斗	4	3	4	4	4	5	5	5
	5	4	5	5	5	6	6	6

表 5-14 常用自卸汽车适用年运量范围

车宽类型	一	二	三	四	五	六	七	八
计算车宽	2.4	2.5	3.0	3.5	4.0	5.0	6.0	7.0
车　型	EQ340	QD351	BJ371	B540 SH380 35D	50B	W392	SF3100 W3101 120C	170C 常州 154
载重/t	4.5	7	20	27~32	45	68	100~103	154
年运量/t·a⁻¹	<45 万	45 万~180 万	80 万~500 万	170 万~900 万	250 万~1200 万	450 万~1800 万	750 万~3000 万	>3000 万

露天矿自卸汽车的选型，还应考虑汽车本身工作可靠、结构合理、技术先进、质量稳定、能耗低等条件，以及确保备品备件的供应，车厢强度适应大块矿石的冲砸。当有多种车型可供选择时，应进行技术经济比较，推荐最优车型。一个露天矿应尽可能选用同一型号的汽车。表 5-15 和表 5-16 为国外矿用自卸汽车的主要技术性能参数。

表 5-15 KMS 公司（原 Komatsu-Dresser 公司）矿用自卸汽车产品

型号	510E	530M	630E	730E	830E	930E
发动机型号	康明斯 KTTA38-C	康明斯 KAT50	康明斯 K1800E	康明斯 K2000E	底特律 MTU/DDC 16V 4000	
额定功率/kW	955	1027	1289	1388	1818	1865
车箱最大容积/m³	76	78	103	111	147	184
载重量/t	136	136	172	186	231	290
最大作业质量/t	231	249	294	324	386	480

表 5-16 常见国外自卸汽车的主要技术性能参数

国名及型号	捷克斯可达 760RM	捷克太脱拉 111R	捷克太脱拉 138S4	法国贝利特	法国贝利特	法国贝利特 10M3	法国贝利特 T-25	法国贝利特 T-60	法国苏码 MTP-2	法国苏码 MTP-3
驱动型式	6×4	6×4	6×4	4×2	4×2	4×2	4×2	4×2	4×2	6×2
载重/t	6.5	10.24	12	8	10	15	29.43	60	12	20

国名及型号		捷克斯可达760RM	捷克太脱拉111R	捷克太脱拉138S4	法国贝利特	法国贝利特	法国贝利特10M3	法国贝利特T-25	法国贝利特T-60	法国苏码MTP-2	法国苏码MTP-3
自重/t		6.1	8.44	10.3	9.5	9	11.0	23.57	42	11.33	14.5
车箱容积/m³		5.0	4.5	5.4	6.04	7.0	10	13~18	35~45	6~8	9~11.5
外形尺寸/m	长	7.99	8.55	7.43	6.9	7.0	8.15	7.23	9.36	6.67	8.1
	宽	2.3	2.5	2.44	2.6	2.4	2.5	3.45	4.5	2.82	2.82
	高	2.36	2.57	2.57	2.8	2.5	2.71	3.65	4.26	2.48	2.48
轴距/m		5.0	4.79	5.01	4.0	4.25	5.2	3.5	4.01	3.65	
轮距/m	前		2.08	1.93	2.0	1.99	2.03	2.72	3.64	2.03	
	后		1.8	1.76	1.84	1.86	1.87	2.32	3.15	1.81	
最小离地高度/m			0.27	0.29	0.29	0.26	0.25	0.37			10.1
最小转弯半径/m		8.5	10.5	7.5		9.4	10.5	9.0	9.6	7.3	
货箱最大倾角/(°)			45	50			45				
最大爬坡度/%		15	12	45		44		32.5		15	
最大速度/(km/h)		55	60			59	63	63.05	65		
发动机功率/kW		107	129	96	110	110	133	232	467	110	
百公里耗油/kg		50	80								
车箱升降时间/s	升			30		20					
	降			20		20					
轮胎型号		12.00-20	10.5-20	12.00-20	12.00-20	12.00-20	12.00-20	18.00-25	21.00-33		
车箱举升离地最大高度/m								8.1			
车箱举升离地最小高度/m					0.55		0.4				

表 5-17 为部分国内露天矿自卸汽车设备的选型参数。

表 5-17　部分国内露天矿自卸汽车设备选型

矿山名称	采掘总量/t·a⁻¹	采用的挖掘机规格/m²	汽车的运距/km	采用的汽车载质量/t
兰尖铁矿	1468 万	4	0.9	20
南芬铁矿	2692 万	4；4.5；7.6	1.35	27；108；154
峨口铁矿	524 万	4.6		20；27
石人沟铁矿	497 万	4		20
泸沽铁矿	114 万	1		12；15

续表 5-17

矿山名称	采掘总量/t·a⁻¹	采用的挖掘机规格/m²	汽车的运距/km	采用的汽车载质量/t
水厂铁矿	7200 万			154
白银厂铜矿	130 万	3，4	3.5	25；27
永平铜矿	1815 万	4	矿 3.3	27；32
			岩 1.2	
德兴铜矿	947 万	4；4.6；13	0.5～1.0	12；27；154
铜绿山铜矿	303 万	4；4.6	3.0	20；27

表 5-18 是部分国外露天矿自卸汽车设备的选型资料。

表 5-18　部分国外露天矿自卸汽车设备选型

矿山名称	产量/t·a⁻¹		采用的挖掘机规格/m²	采用的汽车载质量/t
	矿山	岩石		
埃桑座斯铁矿（美国）	1800 万	1260 万	4.6；7.6	76.5；108
希宾铁矿（美国）	2700 万	1500 万	9～11.5	108；154
西雅里塔铜钼矿（美国）	2910 万	6660 万	11.5	108；154
莱特山铁矿（加拿大）	设计采剥总量 7750 万		11.5；16	154
长纳尼亚铜矿（墨西哥）	设计采剥总量 7000 万		11.5；22.9	108；154
纽曼山铁矿（澳大利亚）	设计采剥总量 10000 万		7.6；9.2；17	108；211.5
库德雷穆克铁矿（印度）	2260 万		10.7	108

5.5　穿　孔　设　备

5.5.1　牙轮钻机的选型

5.5.1.1　选型原则

牙轮钻机的选型原则为：

（1）牙轮钻机是露天矿技术先进的钻孔设备，适用于各种硬度矿岩的钻孔作业。大中型矿山钻孔设备，首先要考虑选用牙轮钻机。

（2）中硬以上硬度的矿岩，采用牙轮钻机钻孔，优于其他钻孔设备。

（3）在满足矿山年钻孔量的同时，牙轮钻机选型还要保证设计生产要求的钻孔直径、孔深、倾角及其他参数。

（4）根据矿区自然地理条件选择设备和配套部件。高海拔、高寒、炎热气候地区, 对主要设备配套部件, 如空压机、变压器、除尘、液压及电控系统等, 都有特殊要求。

(5) 动力条件。动力源往往决定了选用钻机的类别, 大中型矿山一般选用电动。

(6) 国外牙轮钻机一般是工作可靠、寿命长, 但价格贵, 零部件供货周期长, 是否选用, 应进行综合分析对比后确定。

设计和生产中, 可按矿山采剥总量及开采规模与钻孔直径的关系, 并结合挖掘机斗容与钻孔直径的关系选择钻机。采剥总量与钻孔直径关系见表 5-19, 钻孔直径与挖掘机斗容关系见表 5-20。表 5-21 为 45R 和 60R 型牙轮钻机技术经济指标对比。

表 5-19　采剥总量与钻孔直径关系

采剥总量/万 t·a^{-1}	400~500	600~1000	1500~2000	3000~4000
钻孔直径/mm	200~250	250~310	310~380	380~450

表 5-20　钻孔直径与挖掘机斗容关系

钻孔直径/mm	150~230	200~250	250~310	310~380	380~450
挖掘机斗容/m^3	3~5	6~8	10~12	13~16	19~23
台年产量/万 t·a^{-1}	150~180	200~500	700~900	900~1100	1500~2000

表 5-21　45R 和 60R 型牙轮钻机技术经济指标

型　号		45R	60R
钻孔直径/mm		250	310
台时效率/m	软岩	30~	30~
	中硬岩	15~25	15~25
	坚硬岩	9~15	9~15
台年效率/万 m	软岩	7.5~10	7.5~10
	中硬岩	≥5	≥5
	坚硬岩	≥3	≥3 (极硬岩)
爆破量/万 t·a^{-1}	软岩	900~1000	
	中硬岩	500~550	
	坚硬岩	240~260	600
	极硬岩		250

5.5.1.2　牙轮钻机数量

露天矿所需牙轮钻机数量可按式 (5-4) 确定:

$$N = \frac{Q}{Q_1 q(1-e)}$$ (5-4)

式中　N——所需设备数量，台；

　　　Q——设计的矿山年采剥总量，t；

　　　Q_1——每台牙轮钻机的年穿孔效率，m/a；

　　　q——每米炮孔的爆破量，t/m；

　　　e——废孔率，%。

计算钻孔设备数量时，每 1m 炮孔爆破的矿（岩）量，一般应按设计的矿（岩）石爆破孔网参数分别进行计算，有时也可参照表 5-22 选取。

表 5-22　每米孔爆破量参考指标

炮孔直径/mm	矿岩种类	每米孔爆破量/t	炮孔直径/mm	矿岩种类	每米孔爆破量/t
250	矿石	100~140	310	矿石	120~150
	岩石	90~130		岩石	100~130

牙轮钻机台年生产能力，包括废孔在内。设备数量计算时牙轮钻机的废孔率可参照表 5-23 选取。牙轮钻机不设备用，但不应少于 2 台。

表 5-23　2005 年国内冶金矿山牙轮钻机的实际台效

钻机型号	KY-250C	YZ-55	45R	HYZ-250C	60R	YZ-35
大石河铁矿	25.0	—	—	33.3	—	—
水厂铁矿	—	45.0	80	—	—	—
北京首铁铁矿	—	—	—	25.0	—	—
棒磨山铁矿	20.0	—	—	—	—	—
庙沟铁矿	15.0	—	—	—	—	—
南芬铁矿	—	43.0	32.0	—	42.8	20.0
大孤山铁矿	—	35.0	30.0	—	—	35.0
东鞍山铁矿	—	—	—	—	—	54.0
眼前山铁矿	—	—	35.0	—	—	35.0
弓长岭露天矿	—	—	—	—	—	38.5
齐大山铁矿	37.5	28.6	—	—	—	—
攀钢矿业公司	—	—	—	—	—	30.0

5.5.2　潜孔钻机的选型

潜孔钻机选型是根据矿岩物理性质、采剥总量、开采工艺、要求的钻孔爆破参数、装载设备及矿山具体条件，并参考类似矿山应用经验选择。

对于中硬矿岩的中小型矿山，以及有特殊要求如打边坡预裂孔、锚索孔、放水孔等，选用潜孔钻机更为合适。

设计中，比较简单的方法是按采剥总量与孔径的关系选择相应的钻机。表5-24和表5-25为国内外潜孔钻机技术性能参数。

表 5-24　国内潜孔钻机技术性能参数

型号	钻孔		工作气压 /MPa	推进力 /kN	扭矩 /kN·m	推进长度 /m	转速 /r·min⁻¹	耗气量 /L·s⁻¹	驱动方式	生产厂家
	直径 /mm	深度 /m								
KQY90	80~130	20.0	0.50~0.70	4.5		1.00	75.0	116	气动-液压	浙江开山股份有限公司
KSZ100	80~130	20.0	0.50~0.70			1.00		200	全气动	
KQD100	80~120	20.0	0.50~0.70			1.00		116	电动	
HQJ100	83~100	20.0	0.50~0.70	4.5		1.00	75.0	100~116	气动-液压	衢州红五环公司
CLQ15	105~115	20.0	0.63	10.0	1.70	3.30	50.0	240	气动-液压	天水风动机械有限公司
KQLG115	90~115	20.0	0.63~1.20	12.0	1.70	3.30	50.0	333	气动-液压	
KQLG165	155~165	水平70.0	0.63~2.00	31.0	2.40	3.30	300.0	580	气动-液压	
TC101	105~115	20.0	0.63	13.0	1.70	3.30	50.0	260	气动-液压	
TC102	105~115	20.0	0.63~2.00	13.0	1.70	3.30	50.0	280	气动-液压	
CLQG15	105~130	20	0.4~0.63 1.0~1.5	13.0		3.3		400	气动	
TC308A	105~130	40	0.63~2.1	15.0		3.3		300		
KQL120	90~115	20.0	0.63		0.90	3.60	50.0	270	气动-液压	沈阳凿岩机股份有限公司
KQC120	90~120	20.0	1.00~1.60		0.90	3.60	50.0	300		
KQL150	150~175	17.5	0.63		2.40		50.0	290		
CTQ500	90~100	20.0	0.63	0.5		1.60	100.0	150		
HCR-C180	65~90	20.0				3.74			柴油-液压	沈凿-古河公司
HCR-C300	75~125	20.0		3.2		4.50			柴油-液压	
CLQ80A	80~120	30.0	0.63~0.70	10.0		3.00	50.0	280	气动-液压	宣化英格索兰公司
CM-220	105~115		0.70~1.20	10.0		3.00	72.0	330	气动-液压	
CM-351	165		1.05~2.46	13.6		3.66	72.0	350	气动-液压	
CM120	80~130		0.63	10.0		3.00	40.0	280	气动-液压	

表 5-25 国外部分公司潜孔钻机的主要技术性能参数

型 号	DM-3	DM-4	QM-5	CM-695D	CM-760D	HCR23
钻孔直径/mm	102~105	127~200	178~228	100~152	115~165	140~165
回转方式	气动马达	液压马达	气动马达	液压马达-链条	液压马达	液压马达
回转转速/r·min⁻¹	0~75	0~100	0~75	25~130	0~175	0~124
回转扭矩/N·m		5760		4068	6101	4410
推进方式	气动马达-链条	双液压缸-链条	气动马达-链条	液压马达-链条	液压马达-链条	液压马达-链条
推进力/t	0~15	0~18	0~18	0~4.48	0~4	0~15
行走方式	履带	液压履带	履带	液压履带	液压履带	履带
工作气压/MPa	0.7	2.47	0.7	2.4	2.4	2.4
总耗气量/m³·min⁻¹	16.8	29.7	25.5	24.4	22	17
原动机功率/kW		213		231	317	313
外形尺寸（长×宽×高）/mm×mm×mm	5400×3400×11900	8700×2400×10900	7200×4200×15800			6500×3975×11030
总重量/t	15	22~27	30	18.6	20.8	23
制造公司	美国英格索兰（Ingersoll-Rand）公司					日本古河公司

5.6 露天矿设备匹配问题

为加快露天矿的建设速度，扩大开采规模和提升经济效果，应采用大型设备。

现今大型和特大型金属露天矿所用的主要生产设备是孔径 310~380mm 甚至 440mm 的牙轮钻机；斗容 9~11.5m³ 乃至 20~23m³ 的电动挖掘机，斗容 22m³ 以内的液压挖掘机；斗容 13~18m³ 以至 22m³ 的前装机，载重量 108~154t 甚至 180~230t 的自卸汽车（还有载重 315t 的汽车），黏重 360t 的牵引机组；载重 80~165t 的自卸翻斗车，高强度带式输送机等。在辅助设备方面，按不同开采工艺方式，对工作面的辅助作业、道路维修、移道、现场维修、起重运搬，以及其他工程与生产供应等方面，都应用了相应的成套设备，其中应用较普遍的是斗容 5~10m³ 的前装机，功率 224~373kW 的推土机，大型平地机、振动式压路机、高效率多功能的炸药混装设备、液压碎石机等。

我国露天矿特别是大中型露天矿采装运主要作业工序和部分辅助作业都实现了机械化。露天矿山设备的研发，不仅能成批生产中小型设备，装备中小型露天矿山，而且试制出了大型露天矿主要作业设备及多数辅助作业设备。这些设备可以装备数百万吨至 1000 万吨级的大型和特大型露天矿。

　　我国金属露天矿今后的发展方向为：以 16~23m³ 挖掘机为主，配用 250~380mm 大型、特大型牙轮钻机、100~180t 自卸汽车、373~746kW 推土机、10~18m³ 前装机等。

　　露天设备的分级主要以矿山规模为基础，矿山产量大小决定了设备等级的大小。我国露天矿山主要有金属矿（铁矿、有色金属矿）、煤矿、化工原料矿、建材原料矿等，各种露天矿山的规模划分方法不同，如金属露天矿（铁矿）按年采剥总量计算，分为四种规模。设计和生产中，金属露天矿按照矿山规模采剥总量选择设备型号可参考表 5-26 和表 5-27，金属露天矿设备匹配可参考表 5-28 选择，金属露天矿设备组合配套实例见表 5-29。

表 5-26　矿山规模类型划分

矿山区分		矿山规模类型/万 t·a⁻¹			
		特大型	大型	中型	小型
黑色冶金矿山	露天	>1000	1000~200	200~60	<60
	地下	>300	300~200	200~60	<60
有色冶金矿山	露天	>1000	1000~100	100~30	<30
	地下	>200	200~100	100~20	<20
化学矿山	磷矿		>100	100~30	<30
	硫铁矿		>100	100~20	<20
建材矿山	石灰石矿		>100	100~50	<50
	石棉矿		>1.0	1.0~0.1	<0.1
	石墨矿		>1.0	1.0~0.3	<0.3
	石膏矿		>30	30~10	<10

表 5-27　一般露天矿山的装备水平

装备名称	装备水平			
	特大型	大型	中型	小型
穿孔设备	1. φ310~380mm 牙轮钻（硬岩）； 2. φ250~310mm 牙轮钻（软岩）	1. φ250~310mm 牙轮钻； 2. φ150~200mm 潜孔钻	1. φ150~200mm 潜孔钻； 2. φ250mm 牙轮钻； 3. 凿岩台车	1. φ150mm 以下潜孔钻； 2. 凿岩台车； 3. 手持式凿岩机
装载设备	10m³ 以上挖掘机	4~10m³ 挖掘机	1~4m³ 挖掘机；3~5m³ 前装机	0.5~1m³ 挖掘机；3m³ 以下前装机

装备名称	装备水平			
	特大型	大型	中型	小型
运输设备	1. 汽车运输时：100t 以上汽车； 2. 铁路运输时：150t 电机车，100t 矿车； 3. 胶带运输时：1.4~1.8m 胶带	1. 汽车运输时：50~100t 汽车； 2. 铁路运输时：100~150t 电机车，60~100t 矿车； 3. 胶带运输时：1.4m 以下胶带机	1. 汽车运输时：50t 以下汽车； 2. 铁路运输时：14~20t 电机车，4~6m³ 矿车	1. 汽车运输时：15t 以下汽车； 2. 铁路运输时：14t 以下电机车，4m³ 以下矿车
排弃设备	1. 推土机配合汽车； 2. 破碎-胶带-排土机； 3. 铁路-挖掘机	1. 推土机配合汽车； 2. 破碎-胶带-推土机； 3. 铁路-挖掘机	1. 推土机配合汽车； 2. 铁路-推土机	1. 推土机配合汽车； 2. 铁路-推土机
辅助设备	305kW 履带推土机；223.5kW 轮胎推土机；9m³ 前装机	238~305kW 履带推土机；5m³ 以上前装机	89.4~238.4kW 履带推土机	89.4kW 以下履带推土机
粗破碎设备	1. 1500mm 旋回破碎机； 2. 1500mm×2100mm 颚式破碎机	1. 1200mm 旋回破碎机； 2. 1200mm×1500mm 颚式破碎机	1. 900mm 旋回破碎机； 2. 900mm×1200mm 颚式破碎机	1. 700~500mm 旋回破碎机； 2. 600mm×900mm~400mm×600mm 颚式破碎机

表 5-28 金属露天矿设备匹配方案

设备名称		小型露天矿	中型露天矿	大型露天矿	特大型露天矿
穿孔设备	潜孔钻机（孔径）/mm	≤150	150~200	150~200	
	牙轮钻机（孔径）/mm	150	250	250~310	310~380（硬岩）；250~310（软岩）
挖掘设备	单斗挖掘机（斗容）/m	1~2	1~4	4~10	≥10
	前装机（斗容）/m³	≤3	3~5	5~8	8~13
运输设备	自卸设备（载重）/t	≤15	<50	50~100	>100
	电机车（黏重）/t	<14	10~20	100~150	150
	翻斗车	<4m³	4~6m³	60~100t	100t
	钢绳芯带式输送机（带宽）/mm	800~1000	1000~1200	1400~1600	1800~2000

设备名称		小型露天矿	中型露天矿	大型露天矿	特大型露天矿
辅助设备	履带推土机/kW	75	135～165	165～240	240～308
	轮胎推土机/kW			75～120	120～165
	炸药混装设备/t	8	8	12，15	15，24
	平地机/kW		75～135	75～150	165～240
	振动式压路机/t			14～19	14～19
	汽车吊/t	<25	25	40	100
	洒水车/t	4～8	8～10	8～10,20～30	10，20～30
	破碎机（旋回移动）/mm			1200～1500	1200～1500
	液压碎石器/N·m		$(1.5～3)×10^4$	$(1.5～3)×10^4$	$(1.5～3)×10^4$

表 5-29   金属露天矿设备组合配套实例

矿山规模	方案	配套主体设备	配套辅助设备	主要使用条件	矿山实例
小型	I	φ80～120 潜孔钻机，0.6m³ 柴油铲或 1m³ 电铲，3～7t 电机车。10t 以下矿车，斜坡提升或 8t 以下汽车	60～75kW 推土机 8t 装药车，4～8t 洒水车，25t 以下汽车吊	采剥总量 50 万 t 以下中等深度的或 100 万 t 左右露天矿	祥山铁矿
	II	φ150 潜孔钻，φ150 牙轮钻，1～2m³ 电铲，8～15t 汽车		采剥总量 100 万～200 万 t 露天矿	可可托海一矿
	III	φ150 潜孔钻，3～5m³ 前装机装运作业或配 20t 以下汽车		岩石运距在 3km 以内露天矿	山西铝土矿
	IV	φ150～200 潜孔钻，2～4m³ 电铲，15～32t 汽车		采剥总量 300 万～500 万 t 露天矿	雅满苏铁矿
中型	I	φ200 潜孔钻或 φ250 牙轮，4m³ 电铲或 5m³ 前装机，20～32t 汽车	75～165kW 推土机，8t 装药车，8～10t 洒水车，25t 汽车吊，10～30kN·m 液压碎石器或 φ0.8～2m 电动破碎机	一般开采深度中型露天矿	金堆城钼矿、密云铁矿
	II	φ200 潜孔钻或 φ250 牙轮钻，4m³ 电铲，100t 电机车或内燃机车，60t 侧卸翻斗车		深度不大的中型露天矿	大冶铁矿上部扩帮，大连甘井子石灰石矿
	III	φ250 牙轮钻，4～6m³ 电铲，60t 以下汽车，破碎站，1000～1200mm 钢绳芯带式输送机		深度较大的露天矿	

矿山规模	方案	配套主体设备	配套辅助设备	主要使用条件	矿山实例
大型，特大型	Ⅰ	$\phi 250 \sim 380$ 牙轮钻或 $\phi 250$ 潜孔钻，$4 \sim 11.5 m^3$ 电铲，$32 \sim 60t$ 汽车和$108 \sim 154t$ 电动轮汽车	165kW 以上履带式推土机，120kW 以上轮式推土机，12t 以上装药车，135kW 以上平地机，14t 以上振动式压路机，40t 以上汽车，10t 以上洒水车，$15 \sim 30 kN \cdot m$ 液压碎石器	大型、特大型露天矿	南芬铁矿，水厂铁矿
	Ⅱ	$\phi 310$、$\phi 380$、$\phi 410$ 牙轮钻，$10 \sim 21 m^3$ 电铲，73、108、136、154t 电动轮汽车		特大型露天矿	智利丘基卡马塔铜矿
	Ⅲ	$\phi 250 \sim 380$ 牙轮钻，$8 \sim 15 m^3$ 电铲，$100 \sim 150t$ 电机车或联动机车组，100t 侧卸翻斗车		大型、特大型露天矿	马钢南山铁矿
	Ⅳ	$\phi 250$ 以上牙轮钻，$8m^3$ 以上电铲，90t 以上汽车，$1200mm \times 2000mm$ 破碎机，1200mm 以上钢绳芯带式输送机		大型、特大型露天矿	美国西雅里塔铜钼矿，齐大山铁矿，水厂铁矿

有色金属矿山露天矿装备水平，应符合表 5-30 规定。

露天煤矿设备分级选型方案见表 5-31。

表 5-30　有色金属露天矿山装备水平

设备名称	采矿规模/万 $t \cdot a^{-1}$		
	>100	30~100	<30
穿孔设备	$\geq \phi 250$ 牙轮钻机，$\geq \phi 150 \sim 200mm$ 潜孔钻机	$\phi 150 \sim 250mm$ 牙轮钻机，$\phi 150 \sim 200mm$ 潜孔钻机	$\leq \phi 1500mm$ 潜孔钻机，凿岩台车，手持式凿岩机
装载设备	$\geq 4 m^3$ 挖掘机，$\geq 5 m^3$ 前装机	$2 \sim 4 m^3$ 挖掘机，$3 \sim 5 m^3$ 前装机	$\leq 2 m^3$ 挖掘机，$\leq 3 m^3$ 前装机，装岩机
运输设备	$\geq 30t$ 汽车，$100 \sim 150t$ 电机车，$60 \sim 100t$ 矿车，带式输送机	$20 \sim 30t$ 汽车，$14 \sim 20t$ 电机车，$6 \sim 10 m^3$ 矿车	20t 汽车，$\leq 14t$ 电机车，$\leq 6 m^3$ 矿车

表 5-31　露天煤矿设备分级选型方案

设备名称		中型矿（年产 30 万~90 万 t）	大型矿（年产 90 万~300 万 t）	特大型矿（年产 300 万 t 以上）
穿孔设备	牙轮钻机孔径/mm	120, 150	150, 200	150, 200
	回转钻机孔径/mm	120, 150	150, 200	150, 200

设备名称		中型矿 (年产 30 万~90 万 t)	大型矿 (年产 90 万~300 万 t)	特大型矿 (年产 300 万 t 以上)
挖掘设备	斗轮挖掘机/万 $m^3 \cdot d^{-1}$	1.6	2	4.6
	单斗挖掘机斗容/m^3	1.6	4.8	12, 16, 20
	索斗铲、液压铲斗容/m^3	1.6	4	8
运输设备	钢绳芯胶带机带宽/mm	800, 100	1000, 1200, 1400	1600, 1800, 2000, 2200, 2400
	自卸汽车/t	32	32, 60	60, 100, 150
	自翻车/t	60	60	60, 100
	电机车（黏重）/t	100	100, 150	100, 150
	排土机/万 $m^3 \cdot d^{-1}$	1.5	2.4	6, 12
	堆料机/万 $m^3 \cdot d^{-1}$	1.5	2.4	4, 6, 12
	取料机/$t \cdot h^{-1}$	1500	2000	4000
辅助设备	推土机/kW	73.5, 88.2	132.3, 235.2	132.3, 253.2, 301.4
	平路机/kW	132.3	132.3, 183.75	183.75
	推土犁/t	15	15	15
	装药车/t	8, 10	8, 10, 12	15
	洒水车/m^3	8, 10	8, 10, 12	10, 12, 20
	汽车吊/t	20, 40	20, 40, 75	20, 40, 75

6 采掘进度计划编制

6.1 设计任务与内容

6.1.1 设计任务

露天矿采掘进度计划是设计和指导露天矿均衡生产的重要文件，是保证矿山正常持续生产、搞好矿山管理的重要环节；是用图和表来表示矿山工程发展的具体时间、空间与数量关系的，把初步确定的矿山生产能力、均衡生产剥采比加以验证，并安排落实，同时验证并确定矿山投产年、达产年、设计计算年、基建剥离量、采掘设备数量和确定矿山设施，等等。对分期开采的矿山，还要安排一期生产、过渡扩帮和二期生产的发展过程及衔接关系。因此，必须认真编制和实施露天矿采掘进度计划，主要应了解和掌握以下内容：

(1) 了解生产剥采比变化规律、加陡工作帮坡角对生产剥采比的影响及方法；

(2) 掌握均衡生产剥采比的方法；

(3) 掌握基建工程量的确定方法；

(4) 掌握与进度计划编制有关的露天矿开采要素的计算和确定方法；

(5) 掌握矿山投产时间、达产时间、设计计算年的确定方法；

(6) 掌握开采顺序及固定坑线或移动坑线的选择；

(7) 掌握长期采掘进度计划的编制方法。

6.1.2 设计内容

6.1.2.1 毕业设计说明书

根据设计的具体内容，本章的标题为"采掘进度计划编制"，可分为 5 个小节：

(1) 采剥进度计划编制的原则。叙述采剥进度计划编制的原则和要求。

(2) 编制采剥进度计划基础资料。叙述编制采剥进度计划所需要的基础资料。

(3) 确定露天矿的开采要素。计算采区长度、采掘带宽度、工作平盘宽度、出入沟底宽等开采要素。

（4）均衡生产剥采比。叙述生产剥采比变化规律图、均衡生产剥采比方法及结果。

（5）采剥进度计划编制。确定基建工程量，确定合理的开采顺序，固定坑线或移动坑线，选择新水平降深方式，确定矿山投产年、达产年、设计计算年等，并编制 10 年采剥进度计划。

6.1.2.2　应注意的问题

编制采剥进度计划应注意的问题为：

（1）毕业设计采剥进度计划编制的成果，包括文字说明、图和表 3 个部分。图包括基建期末采场综合平面图和露天采场年末综合平面图；表包括采掘进度计划表；其他内容都在说明书中叙述。

（2）基建期末采场综合平面图和露天采场年末综合平面图。图上须标出各水平的工作线位置、出入沟和开段沟位置、挖掘机的配置、矿岩地质界线、开拓运输系统等内容。

（3）毕业设计要求从基建时开始逐年编制，编制 10 年计划。

（4）采掘进度计划表。表中阐明各年度的矿岩量、出入沟和开段沟工程量、采掘设备的配置和调动情况，要求标出投产年、达产年和设计计算年。

6.2　采剥进度计划编制的原则和要求

6.2.1　采剥进度计划编制的原则

采剥进度计划编制的原则为：

（1）符合国家有关矿山开采的方针政策法规、各项技术规程和安全环保规程。

（2）依靠技术进步，积极采用新技术、新工艺，提高矿山机械化水平。

（3）选择技术可行、工艺可靠、经济效益好，并符合安全环保要求的技术方案。

（4）充分回收地下资源，降低矿石损失和贫化。

6.2.2　采剥进度计划编制的要求

毕业设计采剥进度计划编制部分，一般应符合下列要求：

（1）根据露天矿的具体情况，正确处理需要与可能的关系，尽可能地减少基建工程量，加速基本建设，保证在规定的时间内投产。投产后，应尽快达到生产能力和保证规定的各级储量，保证产量的均衡稳定。

（2）全期生产剥采比均衡有困难时，可分期均衡。分期均衡期应大于 5 年，每期生产剥采比的变化幅度不宜过大。均衡生产剥采比数值不宜过大，以减少设备数量和生产成本。减少前期生产剥采比。

（3）对分期开采的矿山，要安排好分期及过渡的关系。

（4）应确定合理的开采顺序，包括首采地段的选择、新水平降深方式和矿山工程推进方向；优先开发矿石质量高、易采易选和外部建设条件有利等经济效益和社会效益好的矿床。在矿床总体开发方案的指导下，在技术条件允许和保护资源的前提下，优先开采基建量小、投产快和品位较高的地段。

（5）合理的水平推进与延深要密切配合，要按计划及时开拓新水平，保证采矿和矿量准备的衔接。在扩帮过程中，一定要遵守预定的矿山工程发展程序，开拓矿量和备采矿量及其保有期均应满足生产计划要求。一般情况，开拓矿量 3 年以上，特殊情况不得少于 2 年；回采矿量：铁路开拓运输为 3~6 个月，汽车开拓运输为 2~5 个月。

（6）采剥进度计划应以采掘设备能力为计算单元，开采设备和装运设备应合理配置，各主要开采设备的推进速度应均衡。

（7）露天开采应遵循自上而下的开采顺序，分台阶开采，并应坚持"采剥并举，剥离先行"的原则。各台阶水平的推进必须满足正常生产要求的时空发展关系，上下水平的工作线要保持一定的超前距离，使平盘宽度不小于最小工作平盘宽度。工作线要具有一定的长度，并尽可能保持规整，保证线路的最小曲线半径及各水平的运输连通；采掘设备调动不得过于频繁。

（8）具有多种品级矿石时，各种工业品级矿石的产量要求保持稳定，或呈现规律变化；各品级矿石要合理配比，以满足质量中和的要求。

（9）毕业设计一般要求编制投产后 10 年采剥进度计划。

6.3　编制采剥进度计划所需的基础资料

编制采剥进度计划所需的基础资料为：

（1）分层平面图（绘制有地质界线、境界线，改建和扩建矿山的开采现状线）；

（2）露天开采境界内各分层矿岩量和分层剥采比；

（3）采剥要素，包括台阶高度、运输道路要素（宽度和坡度）、新水平准备时间、矿石的开采损失率和废石混入率等；

（4）露天境界终了平面图和纵、横剖面图；

（5）地质剖面图；

（6）地表地形图（1∶1000~2000），在图纸上绘制有矿区地形等高线和主要地貌特征；

（7）挖掘机的生产能力及数量。

6.4　露天矿的开采要素

6.4.1　采区长度

采区长度（又叫挖掘机工作长度）L_c 是把工作台阶划归一台挖掘机采掘的那部分长度，如图 6-1 所示。

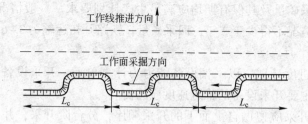

工作线推进方向

工作面采掘方向

$$L_c \qquad L_c \qquad L_c$$

图 6-1　采区长度

采区长度是根据穿爆与采装的配合、各水平工作线的长度、矿岩分布和矿石品级变化、台阶的计划开采强度以及运输方式等条件确定的。

采区最小长度应满足挖掘机的正常作业，至少应保证挖掘机有 5~10 天以上的采装爆破量，可以用（6-1）式计算：

$$L_c = \frac{TQ_{\text{班铲}}}{hB_c} \qquad\qquad (6\text{-}1)$$

式中　L_c——采区长度，m；

　　　T——挖掘机 5~10 天工作总班数，班；

　　$Q_{\text{班铲}}$——挖掘机班生产能力，m^3/班；

　　　h——爆堆高度；

　　　B_c——采掘带宽度，m。

采区长度一般可按表 6-1 所列值选取。

表 6-1　采区长度

铁路运输	汽车运输
$4m^3$ 电铲不小于 300m 大型电铲按能力折算	$4m^3$ 电铲不小于 150m 陡帮开采即为竖分条宽度，大型电铲按能力折算

6.4.2 采掘带宽度

采掘带宽度 b_c 就是一次挖掘的宽度，如图 6-2 所示。采掘带设定得过窄，则挖掘机移动频繁，减少了作业时间，降低挖掘机生产能力，同时增加了履带磨损，如果采用铁路运输还会增加移道次数；采掘带过宽，则挖掘机的挖掘条件恶化，采掘带边缘满斗程度低，残留矿岩较多，清理工作量大，因而也会降低挖掘机生产能力。

为保证挖掘机的采装生产能力，采掘带宽度应使挖掘机向里侧回转角度不大于 90°，向外侧回转角度不大于 30°。

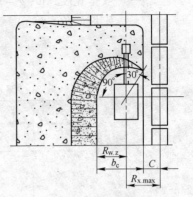

图 6-2 采掘带宽度

以铁路运输平装车为例，采掘带宽度的确定如图 6-2 所示，其变化范围为：

$$b_c = (1 \sim 1.5)R_{wz}, \qquad b_c \leqslant R_{w.z} + fR_{x.max} - C \qquad (6-2)$$

式中　b_c——采掘带宽度，m；

　　　$R_{w.z}$——挖掘机站立水平挖掘半径，m；

　　　$R_{x.max}$——挖掘机最大卸载半径，m；

　　　f——铲杆规格利用系数，$f = 0.8 \sim 0.95$；

　　　C——外侧台阶坡底线或爆堆坡底线至车辆边缘距离，$C = 2 \sim 3m$。

台阶高度，采区的长度和宽度之间是互相联系又互相制约的。一般情况下，三个参数中台阶高度是主要的，因为它对于采掘效果以至全矿生产及工程发展都有较大影响。设计时，一般是先确定台阶高度。

6.4.3 工作平盘宽度

工作平盘是进行采掘运输作业的场地。

工作平盘宽度 B 取决于爆堆宽度、运输设备规格、设备动力管线的配置方式以及所需的回采矿量。仅按布置采掘运输设备和正常作业必需的宽度，称为最小工作平盘宽度。其组成要素如图 6-3 所示。

（1）汽车运输时最小工作平盘宽度（图 6-3a）：

$$B_{min} = b + c + d + e + f + g \qquad (6-3)$$

式中　B_{min}——最小工作平盘宽度，m；

　　　b——爆堆宽度，m；

　　　c——爆堆坡底线至汽车边缘的距离，m；

　　　d——车辆运行宽度（与调车方法有关），m；

e——线路外侧至动力电杆的距离，m；

f——动力电杆至台阶稳定边界线的距离，$f = 3 \sim 4m$；

g——安全宽度，m，$g = h(\cot\gamma - \cot\alpha)$（$\alpha$ 为台阶坡面角；γ 为台阶稳定坡面角，（°））。

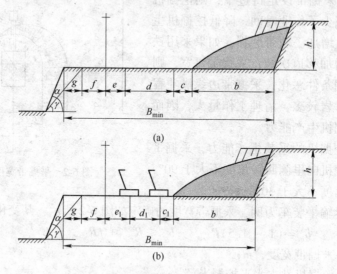

图 6-3 最小工作平盘宽度

（a）汽车运输；（b）铁路运输

（2）铁路运输时的最小工作平盘宽度（图 6-3b）：

$$B_{min} = b + c_1 + d_1 + e_1 + f + g \tag{6-4}$$

式中 c_1——爆堆坡底线至铁路线路中心线间距，通常为 $2 \sim 3m$；

d_1——铁路线路中心线间距，同向架线 $d \geqslant 6.5m$，背向架线 $d \geqslant 8.5m$；

e_1——外侧线路中心至动力电杆间距，$e = 3m$。

按照一定生产工艺所确定的最小工作平盘宽度，是在该条件下维持正常剥采的最低尺寸。露天矿实际工作平盘宽度通常都大于最小工作平盘宽度，因为上、下水平是不可能完全同步推进的。工作平盘小于允许的最小宽度时，就意味着正常生产被破坏，将迫使下部台阶减缓或停止推进。因此，保持一定的工作平盘宽度，是保证上下台阶各采区之间正常进行剥采作业的必要条件。

6.4.4 掘沟工程出入沟的底宽

6.4.4.1 汽车开拓掘沟

多采用平装车全段高掘沟方法，即在全段高一次穿孔爆破，汽车驶入沟内采掘工作面，全段高一次装运。这种掘沟方法的掘沟速度主要取决于汽车在沟内的调车方法。

　　沟内的调车方式有回返式和折返式两种。为了提高车辆供应，折返式除了有单折返线方式外，还可采用双折返线调车，如图 6-4 所示。

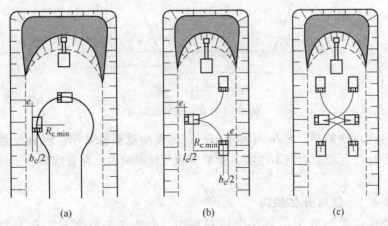

图 6-4　汽车在沟内的调车方式

（a）回返式；（b）单折返式；（c）双折返式

　　出入沟的底宽，按汽车的技术规格及其在沟内的调车方法确定；开段沟的底宽，除考虑上述因素外，还要考虑初始扩帮的爆堆基本上不埋运输道路的要求，两者取大值。

　　（1）按调车方式确定的最小底宽。回返式调车的沟底宽比折返式大。

　　回返式调车时：

$$b_{min} = 2(R_{c.min} + b_c/2 + e) \tag{6-5}$$

式中　b_{min}——沟底最小宽度，m；

　　　$R_{c.min}$——汽车最小转弯半径，m；

　　　　b_c——汽车宽度，m；

　　　　e——汽车边缘至沟帮底线的距离，m。

　　折返式调车时：

$$b_{min} = R_{c.min} + l_c/2 + b_c/2 + 2e \tag{6-6}$$

式中　l_c——汽车长度，m。

　　（2）按爆堆要求确定的最小底宽。

　　如图 6-5 所示，开段沟沟底的最小宽度为：

$$b_{min} = b_B + b_D - W_D \tag{6-7}$$

式中　b_B——爆堆宽度，m；

　　　b_D——道路宽度，m；

　　　W_D——爆破带底盘抵抗线，m。

　　汽车运输采用掘沟运输方式灵活方便，适于各种复杂地形；采装与运输能较

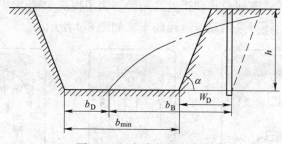

图 6-5 开段沟的沟底宽度

好地配合；入换简单，装车回转角小，有利提高挖掘机效率。但其受运距限制大，一般超过合理运距则不经济；受季节和气候影响大，在含水多、岩性软的矿山工作困难。

6.4.4.2 铁路开拓掘沟

铁路运输掘沟分为平装车全段高掘沟、上装车全段高掘沟和上装车分层掘沟。

A 平装车全段高掘沟

图 6-6 是将线路铺设在沟内，列车驶入装车线，电铲向自翻车装载；每装完一辆车，列车被牵出工作面，将重车甩在调车线上，空列车再进入装车。如此反复，直到装完整个列车。重载列车驶向沟外会让站后，另一列空车驶入装车线进行装车。

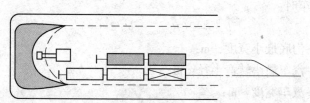

图 6-6 铁路运输平装车全段高掘沟

这种掘沟方法，采运设备为普通规格，与扩帮设备一致，工艺简单，掘沟到一定距离后可加铲平行作业。但由于列车解体调车频繁，空车供应率低，装运设备效率和掘沟速度低，掘沟过程中线路工程量大，线路需经常拆铺，接短轨、换长轨工程量大。因此，平装车全段高掘沟方法在生产中应用较少。

B 上装车全段高掘沟

如图 6-7 所示，装车线铺设在沟帮的上部，用长臂铲在沟内向上部的自翻车装载。每装完一辆车，向前移动一次。

长臂铲土装车掘沟时，还可先掘进开段沟，至一定长度后，在继续掘进段沟的同时，开始掘进出入沟，使之平行作业，加快新水平的准备。其作业程序为：

先在开段沟位置的中部穿孔爆破，保证长臂铲按 8°~10° 的坡度呈 "之" 字形下挖爆堆上装车，最后下卧到开段沟底，当段沟向两端推进到一定距离后，在继续掘进段沟的同时，掘进出入沟。采用下卧开段沟上装车掘沟工艺时，其掘沟速度比平装车掘沟提高 25%~30%。

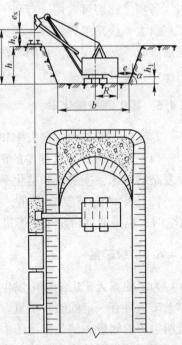

沟的深度和沟底宽度取决于长臂铲工作规格。沟底的最小宽度为：

$$b_{min} = 2(R + e - h_1 \cot\alpha) \qquad (6\text{-}8)$$

式中　b_{min}——上装车时沟底最小宽度，m；

　　　R——挖掘机回转半径，m；

　　　e——挖掘机体至沟帮安全距离，m；

　　　h_1——挖掘机体底盘高度，m；

　　　α——沟帮坡面角，(°)。

这种掘沟工艺，列车不需解体，可缩短调车时间，采运设备效率高，掘沟进度较快；铁道不需接短轨、换长轨，线路移设简

图 6-7　铁路运输上装车全段高掘沟

单，线路工程最少，工作组织比平装车掘沟简单。但需专用长臂电铲，设备使用受限；上装车卸载点高，司机操作困难；挖掘循环时间较长，影响电铲效率。适用于大中型铁路运输露天矿。

C　上装车分层掘沟

在没有长臂铲的情况下，为提高掘沟速度，可用普通规格的挖掘机或半长臂铲进行上装车分层掘沟。图 6-8 所示为上装车分层掘沟方法，图中的数字为掘进分层的顺序，线路向图中箭头所指位置移设。

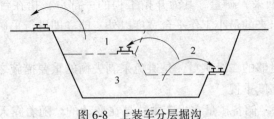

图 6-8　上装车分层掘沟
1~3—掘进分层的顺序

采用分层掘沟时，列车也不需解体调车，因而装运设备生产能力较高；必要时可增加装运设备，使几个分层同时作业，加快掘沟速度。掘沟使用的普通挖掘

机，各项工程均可通用，有利于维修和管理。但分层掘沟的掘进断面较大，掘沟工程量大，线路工程量大，必须在所有分层掘完，堑沟才能交付使用；若采用分层爆破时，钻孔较浅，孔网较密，每米爆破量较少，分层台阶高度小，对挖掘机满斗率有不良影响。

6.4.5 损失率和贫化率

露天开采的矿山，损失率和贫化率应符合下列规定：

（1）矿体赋存条件简单的矿床，损失率和贫化率不应超过 5%；矿体赋存条件复杂的矿床，损失率和贫化率不应超过 8%；

（2）矿体分枝复合严重，贫化率和损失率宜经计算确定；当计算值大于10%时，应采取低台阶采矿等措施。

6.4.6 二级矿量

为了使露天矿山工程中发生预期或意外停顿时仍能在一段时间内持续生产，露天矿应具有一定的储备矿量。储备矿量是指已完成一定开拓准备工程，能提供近期生产的储量。储备矿量随生产的进行不断减少，又随开拓准备及剥离工程的进行而不断得到补充，保持一定的数量。这是保证露天矿持续生产的必要条件。编制采掘进度计划时，剥离工程需超前采矿工程，除需满足工作台阶正常工作所需的空间要求外，还需超前开拓控制一定数量的储备矿量，以确保生产的连续。露天储备矿量分两级，分别为开拓矿量和备采（回采）矿量。

二级矿量分为两类：

（1）开拓矿量。指开拓工程已完成，出矿和废石运输系统已形成，并且具备了进行采矿准备工作的最下一个台阶以上的各个台阶矿量的总和。所谓开拓工程已完成，对于山坡露天矿，指完成入车段沟工程；对于深凹露天，指完成入车斜沟工程。

（2）备采（回采）矿量。其为开拓工程的一部分，指在台阶上矿体的上面和侧面已被揭露出来的最小工作平台宽度以外，能立即进行采矿工作的各台阶矿量的总和。

生产中控制足够的二级矿量，是避免采剥失衡的重要措施之一，在编制采剥计划时，应予以高度重视。

如表 6-2 所示，储备矿量在生产中总是在变动的。随着露天矿开拓工程的发展，每开拓出一个水平，便增添一批开拓矿量；随着剥离的进展，原有的开拓矿量不断转化为回采矿量；而回采矿量又不断随采矿生产而消失。可见储备矿量是一个随时间变化的量，新的不断产生，旧的不断消失，其间总要保持一定的储备。为了保证持续稳产，储备矿量多一些为好。但是过多的储备矿量，意味着过早地进行开拓和剥离工作，积压了生产资金，不利于资金周转。因此，应该有一个能满足持续生产的合理储备矿量数值。这一指标用所定储备矿量可供露天矿按一定生产能力开采的年数或月数来表示，称为储备矿量保有期或储备矿量保有时间。

表 6-2　储备矿量的划分

台阶开拓情况	图　　示
台阶开拓工程刚完成时情况，开拓矿量最多	B_{min}，B_{min}
正常扩帮时情况，开拓矿量逐渐减少	B_{min}
新台阶开拓工程将要完成时情况，开拓矿量最少	B_{min}，B_{min}
图例	开拓矿量　　回采矿量　　B_{min} 为最小工作平盘宽度

储备矿量保有时间的不同，对露天矿基建剥离量影响较大。储备矿量的保有时间，应随着矿体赋存条件、开采条件、开采程序和生产管理水平的不同而有所区别。保有时间没有统一规定，有些矿山为了节省基建投资，会降低储备矿量的标准。一般来说，我国的储备矿量标准是较高的，有色金属矿山开拓矿量为 1 年，回采矿量为 3~6 个月；黑色金属矿山开拓矿量为 2 年，回采矿量为6 个月。

6.5　固定坑线与移动坑线的选择

公路开拓运输的线路，按其相对位置、道路技术等级、服务对象和服务时间的长短，大致分为固定坑线和移动坑线。

(1) 固定线路。包括设在深凹露天矿最终边坡上的线路以及由总出入沟口至粗破碎站车间和排土场的线路。固定坑线设在非工作帮，服务年限比较长，运输条件好，但要求边坡稳定。

(2) 移动线路。又称临时线路，包括设在露天矿各开采水平工作面上的联络运输线路，排弃场的工作面线路，以及布设在露天矿内的、联系各开采水平的分支线。移动坑线设在工作帮，随着开采水平的下降和工作面的推进而不断改变其位置，服务时间比较短，是为了早见矿而采用的。

6.5.1　固定坑线的形成

固定坑线一般布置在矿体底盘非工作帮；为了使采掘工作线能较快地接近矿体进行采矿，也可设在采场的端帮；只有当底盘岩石工程地质条件较差，或为了减少矿石在矿岩接触带的损失贫化时，才将固定坑线布置在矿体顶盘非工作帮。

固定坑线的形成过程，一般是在采场最终边坡按确定的沟道位置、方向和坡度，从地表向下台阶掘进出入沟，自出入沟的末端掘进开段沟，建立初始工作线。

6.5.1.1　直进、折（回）返式

当沿垂直走向采剥时，沿矿体走向掘进开段沟，如图6-9（a）所示；当沿走向采剥时，沿垂直或斜交矿体走向掘进开段沟，如图6-9（b）所示；无段沟采剥时，直接在出入沟末端扩帮进行采剥作业，如图6-9（c）所示。

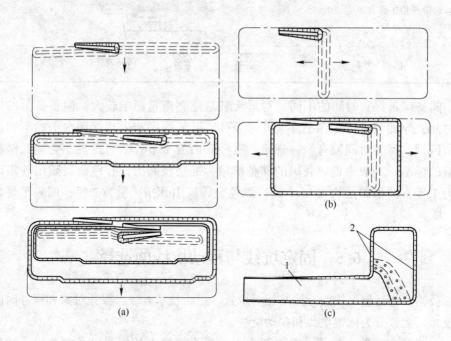

图6-9　深凹露天矿公路固定坑线开拓时矿山工程发展程序示意图
（a）开段沟沿走向布置时；（b）开段沟垂直走向布置时；（c）无段沟时
1—出入沟；2—横向工作面

当扩帮工作线推进到一定宽度，即台阶坡底线距新水平出入沟的沟顶边线不小于最小工作平盘宽度时，又可按上述程序开始向下部新水平掘沟及进行扩帮作业，开拓坑线自上而下逐渐形成。

6.5.1.2　螺旋式固定坑线的形成

如图 6-10 所示，沿采场最终边坡上确定的沟道位置、坡度和方向从地表向下水平掘进出入沟，自出入沟的末端沿采场边坡掘进开段沟，建立初始采剥工作线。螺旋坑线开段沟的方向与出入沟的延伸方向相一致，以便上、下台阶出入沟能顺向连接。扩帮与采剥工作线均以出入沟末端为固定点呈扇形方式推进，工作线的推进速度在其全长上不等，工作线的长度和推进方向也经常发生变化。

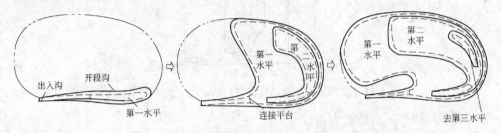

图 6-10　深凹露天矿螺旋坑线开拓的矿山工程发展示意图

当工作线推进到一定距离，即达到保证该台阶采剥作业能正常进行的平台宽度时，在该台阶出入沟末端留长度为 40~60m 的连接平台，再按上述程序，沿采场边坡开始下部新水平的掘沟和扩帮，最后形成环绕采场四周边坡的螺旋坑线。

螺旋坑线开拓时，各开采水平之间相互影响较大，新水平准备时间较长，根据工程发展的特点，同时开采的台阶数少，露天矿生产能力较低。因此，单一螺旋坑线开拓方法在大型露天矿一般不采用，只有当露天矿场长度不大、同时开采的台阶数很少的小型露天矿可用该方法；或露天矿上部用回返坑线，深部由于平面尺寸缩小而改用螺旋坑线开拓，即回返-螺旋坑线联合开拓。

固定坑线开拓线路质量好，运输设备效率高，汽车运输轮胎磨损小，铁路运输不存在线路移设问题；工作帮均为完整的台阶高度，穿孔、采掘、运输等设备的效率高，工作帮坡角较大，对减少生产剥采比和加大开采强度有利。但是，采场内至地表出口的平均运距较长，延深新水平的周期比较长，使露天矿产量受限。

6.5.2　移动坑线的形成

根据采矿工艺要求，首先从地表沿矿体的上盘或下盘矿岩接触处掘出入沟。当达到新水平标高后，在出入沟末端掘开段沟、扩帮，以形成初始工作线。然后，分别向两侧推进，进行采矿与剥岩，如图 6-11 所示；或采用无开段沟，直接在出入沟的末端扩展工作面。

移动坑线设置于露天采场的工作帮，在爆堆上或工作面推进较慢的基岩段修筑。爆堆上修筑简单，是公路移动坑线开拓广泛应用的一种方式。

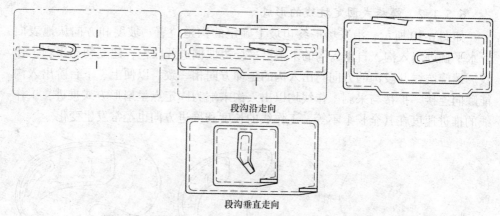

段沟沿走向

段沟垂直走向

图 6-11　深凹露天矿移动坑线开拓的矿山工程发展示意图

移动坑线开拓的特点为：

（1）能加快露天矿的建设速度。在矿体倾角较陡时，接近矿体布置移动坑线，能较快地建立起采矿工作线，提前出矿。

（2）移动坑线设置在采场工作帮上，随着采剥工程的发展，最后固定在采场的最终边坡上。因此，当矿床地质勘探与工程水文地质情况尚未完全探明，最终开采境界与边坡角都有待最后确定，或由于技术、经济发展等原因需要改变开采境界时，采用移动坑线开拓，对采场的正常生产不致产生很大影响。

（3）采用移动坑线开拓时，开段沟的位置与工作面推进方向可以根据采剥工作的需要确定，且容易调整和改变。

（4）移动坑线布置在矿体上盘，采矿工作面自上盘向下盘推进，有利于减少矿岩接触处矿石的损失与贫化。

（5）在设置坑线的工作帮上，既有运输干线，又有采掘线。移动坑线由于不固定，经常变动，穿过的台阶被斜切成上、下两段，其高度由零变至台阶全高，在纵断面上呈三角形，俗称"三角台阶"。三角台阶相对于固定坑线工作帮的完整台阶来说，穿孔、爆破、采掘、移道等生产环节的有关技术经济指标都明显降低，生产组织管理工作也很复杂。

6.6　生产剥采比均衡

生产剥采比是露天矿山一个很重要的技术经济指标，它直接与矿石成本相联系。生产剥采比按其自然发展来说，一般随着矿山工程延深而变化。

6.6.1　生产剥采比的变化规律

如图 6-12 所示，若某年初露天矿底部在−60m 水平，年末延深到−80m 水平，工作帮由年初推进到年末的状况，在横剖面图上为相应的两组折线。用代表工作帮坡面的两组直线 ab、cd 和 ef、gh 代替这两组折线，计算其间的剥离量和采矿量，这样这一剖面上该年度的生产剥采比（n_s）即为下列面积之比：

$$n_s = \frac{S_{abfe} + S_{cdhg}}{S_{bcgf}} \tag{6-9}$$

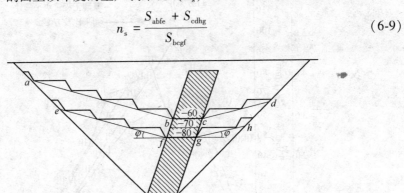

图 6-12 生产剥采比的计算

6.6.1.1 不同开拓方式下生产剥采比的变化规律

开拓方案、掘沟位置、工作线推进方向也是影响生产剥采比的重要因素。图 6-13 表示一个急倾斜矿体的凹陷露天矿，主要有四种代表性的开拓方案：Ⅰ、Ⅳ 为上盘和下盘固定坑线开拓，相应地工作线向底帮和向顶帮推进；Ⅱ、Ⅲ 为上盘和下盘移动坑线开拓，相应地工作线向两帮推进。图中用箭头表明了各方案矿山工程的延深方向，用短横线表示各水平开段沟沟底位置，并用数字标明其编号。图中还给出了方案Ⅰ的各水平工作帮坡面发展情况。为了便于比较，这里令各方案境界相同，工作帮坡角也相同（都按 15°计）。

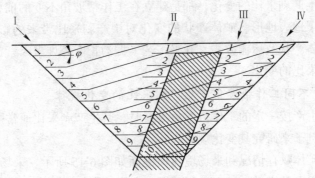

图 6-13 四种开拓方案生产剥采比的比较

图 6-14 为四种方案的剥采比与基建工程量变化曲线，可以看出，方案Ⅰ在延深至 4 水平时见矿，延深到 5 水平时投入生产，投产的基本建设时期工程量相当于 1 水平到 4 水平的矿岩总量，投产后从 5 水平到 10 水平生产剥采比逐渐减小。

方案Ⅱ、Ⅲ延深到2水平见矿，3水平投产；方案Ⅳ延深到3水平见矿，4水平投产。

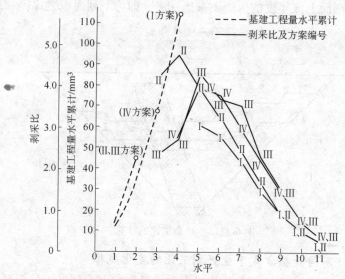

图6-14　四种方案的剥采比和基建工程量

四种开拓方案沟道位置不同，生产剥采比也不同。Ⅱ、Ⅲ两方案接近矿体掘沟，见矿快，基建工程量少，生产剥采比较大；Ⅰ、Ⅳ两方案在顶底帮固定坑线位置掘沟，远离矿体，见矿慢，基建工程量大，生产剥采比较小。其中又以Ⅰ方案基建工程量最大，生产剥采比最小，并且是在达到"高峰"时才投产。这种方案投资最大，一般不宜采用。

以上分析生产剥采比的变化，都是建立在工作帮坡角不变的前提下，分析的例证中也避免了地表地形、矿体产状的变化对生产剥采比带来的影响。事实上，地表地形、矿体产状及运输方式、开采工艺、掘沟长度等许多因素都不同程度地影响着生产剥采比的变化。

6.6.1.2　不同工作帮坡角下生产剥采比的变化规律

露天矿的生产按一定的工作帮坡角发展时，其生产剥采比通常是变化的，可用一个简单的例子来研究其变化规律。

某露天矿矿体赋存情况和采场境界横剖面如图6-15所示。采场沿底帮掘沟，工作线由下盘向上盘推进，矿山工程延深方向与矿体倾向一致，按固定的工作帮坡角 φ 生产时，开采延深到各水平的工作帮推进位置如图中一组平行的斜线所示；每延深一个水平所采的矿石量、剥离量及剥采比用图6-16中的曲线表示。由图可以看出工作帮坡角不变时，生产剥采比随着矿山工程的延深的变化规律：首先大量剥离不采矿，随后开始出矿。这时生产剥采比随着矿山工程的延深而不断增大，达到一个最大值后逐渐减小。这个最大值期间称为剥离洪峰或称剥采比高峰期。高峰期一般发生在凹陷露天矿工作帮上部接近露天矿地表境界部位。生产剥采比的这种变化规律是倾斜和急倾斜矿体开采所具有的普遍规律。

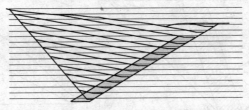

图 6-15 工作帮坡角不变时剥采工程发展程序及剥离量的变化

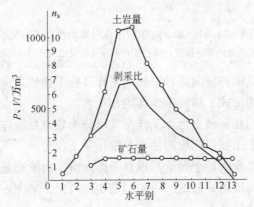

图 6-16 剥采工程延深一个台阶所采的矿石量、剥离量和生产剥采比

工作帮坡角不同，影响到生产剥采比的变化。为了便于比较，假设在其他条件相同的情况下，分别以 $\varphi = 15°$ 和 $\varphi = 30°$ 的工作帮坡角进行生产，用图 6-17（a）所示简单例子来分析两者生产剥采比变化的区别。

两者变化曲线如图 6-17（b）所示，工作帮坡角较小时，生产剥采比初期上升较快，剥离洪峰发生较早，然后一个很长的时期剥采比逐渐下降；工作帮坡角较大时，生产剥采比上升较慢，时间较长，剥离洪峰发生较晚，洪峰之后剥采比急剧下降。

工作帮坡角越大，初期的生产剥采比越小，在开采深度相同的情况下，初期剥离量越少。这对于减少投资降低初期生产成本、早出矿多出矿是有利的。

工作帮坡角大些为好，但不能任意增大。当工作平盘宽度最小时，台阶单独开采的工作帮坡角的最大值一般在 15°左右。

6.6.2 加陡工作帮坡角

工作帮少则由 2~3 个工作台阶组成，多则由 10 余个工作台阶组成。工作帮

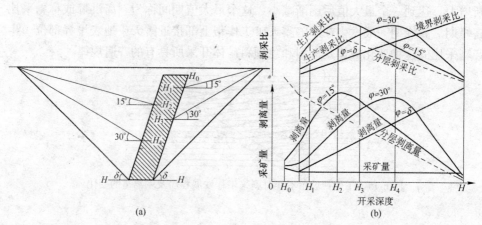

图 6-17   分别以 $\varphi = 15°$ 和 $\varphi = 30°$ 时工作帮坡角生产剥采比的变化规律

（a）工作帮发展到出现剥离洪峰的相应位置；（b）生产剥采比的变化及其与分层剥采比、境界剥采比的对比

按布置方向可分为纵向和横向两种。纵向工作帮指工作线方向与外扩边坡的走向相一致的工作帮结构形式，横向工作帮则相垂直。

按台阶间作业的相对独立性，工作帮又可分为独立台阶作业和组合台阶作业两种。一般情况，矿山都采用纵向独立台阶作业工作帮。

纵向独立台阶作业的每个台阶都设有工作台阶，台阶剥采作业具有相对独立性。这种方式工作帮坡角 φ 较缓，一般只有 $10° \sim 15°$，如图 6-18 所示。

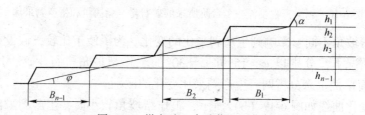

图 6-18   纵向独立台阶作业工作帮

当有 n 个台阶同时作业时，工作帮坡角为：

$$\tan\varphi = \Sigma h_i / (\Sigma h_i \cot\alpha + \Sigma B_i) \tag{6-10}$$

式中 φ——工作帮坡角，(°)；

h——台阶高度，m；

α——台阶坡面角，(°)；

B_i——工作平台宽度，m。

当各台阶的台阶坡面角 α、工作平盘宽度 B、台阶高度 h 都相同时，可按下式计算：

$$\tan\varphi = h / (h\cot\alpha + B) \tag{6-11}$$

纵向独立台阶作业的工作帮形式在任何条件下均可采用，只须保证各台阶间有正常的工作台阶宽度即可，生产组织管理工作比较简单。但这种形式的工作帮坡角较缓，导致提前剥岩，生产剥采比的人为调节灵活性较差。

倾斜矿床的生产剥采比在开采中是变化的，加陡工作帮坡角，可以减少基建剥离量和推迟剥离高峰，改善经济效果。可以采取组合台阶、横向工作帮等措施加陡工作帮坡角。

6.6.2.1 组合台阶作业的工作帮

把若干个相邻开采台阶人为地划为一组，每一组台阶同一时间内只设一个台阶进行剥采作业，这一组台阶就称为组合台阶，如图 6-19 所示。图中所示为 H_1 及 H_2 两组，每组均由三个开采台阶组成，每组中同时按 1、2、3 及 1′、2′、3′ 顺序进行采剥。完成一个循环后，在新的位置上按同样方式继续进行采剥工作，一直循环到预定的开采位置为止。

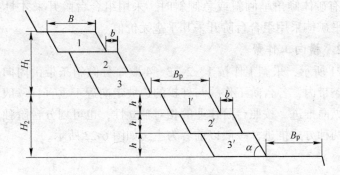

图 6-19 组合台阶构成

h—台阶高度；B—组合台阶一次推进宽度；b—台阶安全平台宽度，B_p 组合台阶作业平台宽度；

H_1，H_2—两组组合台阶高度，$H=nh$；n—组合台阶中台阶数；α—台阶坡面角

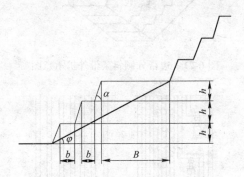

图 6-20 组合台阶作业的工作帮坡角

从尽可能增大工作帮坡角（图 6-20）的要求出发，当然是 H 值越大越好。但是，H 值越大，组合台阶数就越多，电铲上、下多台阶的频繁调动，增大了电

铲行走时间，降低了采装效率。为了提高采装效率，每个台阶的最小工作线长度不应小于 200m。在保证相同开采强度的条件下，对采运设备大型化的要求也越来越高。根据有关资料推荐，选用大型采掘设备时，一般按 4~6 个台阶进行组合；采用较小型采掘设备时，组合台阶数应以 3~4 个比较适宜。

露天矿生产的不同时期和不同地点的组合台阶高度是可变的，不能认为一经确定后就一成不变。

设计组合台阶作业还应当注意以下问题：

（1）由于要求的开采强度大，而作业的工作面较少，为简化生产组织管理工作和适应高强度开采的特点，应尽可能采用大型装运设备；

（2）由于采场内常用移动坑线运输，加之平台宽度比较窄，因此，设计采场内的运输干线、联络线和工作台阶内的运输线路时，必须保持运输线路畅通以及各组台阶间的生产工作互不干扰；

（3）只有矿体倾角呈倾斜或急倾斜时，采用组合台阶开采才具有较好的开采效果，水平矿体采用组合台阶开采几乎毫无价值。

6.6.2.2 横向工作帮

如图 6-21 所示，采剥工作按 1、2、3、4 顺序分倾斜条带由内向外扩帮。在每一个倾斜条带内，各台阶工作线与外扩的边坡走向近于垂直，一般为短工作线横向布置、纵向推进。按照台阶作业的相对独立性，也可划分台阶独立作业和台阶组合作业两种方式推进，一般以前者为主，如图 6-22 所示。

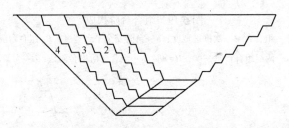

图 6-21 边帮分倾斜条带外扩示意图

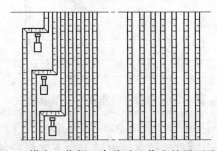

图 6-22 横向工作帮、台阶独立作业的平面示意图

横向工作帮形式多用于分期、分区开采，以及采用汽车运输的露天矿。

横向工作帮形式的工作帮坡角虽然也很缓，但倾斜条带的边坡倾角较陡。就总体而言，剥岩工程是按倾斜条带自内向外扩展的，所以，仍然可以起到推迟剥岩的效果。

横向工作帮形式的缺点是采剥之间、各台阶之间的制约关系比较严格，工作线较短，对生产组织管理工作要求较严，运输线路的布置较难。

以上所列的工作帮构成方式，在同一个采场内，在不同的时间和地点，按具体条件可分别采用或同时采用。特别是采用汽车运输时，方式就更为灵活。

6.6.3　生产剥采比的调整与均衡

露天矿的矿石生产能力 A_K 与矿岩生产能力 A 之间有如下关系：

$$A_K = A/(1 + n_s) \tag{6-12}$$

矿岩生产能力是露天矿采剥技术装备的总能力，当矿岩生产能力一定时，能采出多少矿石量取决于生产剥采比 n_s。前面研究了生产剥采比的变化，从式 (6-11) 可知，如果让生产剥采比经常变化，则矿石产量也随之变动。矿石产量随意变动对矿山生产是不利的，因此要求矿石产量相对稳定。但是，如果让矿石生产能力保持相对稳定，那么矿岩生产能力就会随生产剥采比变化而变化，这样也不合适。

生产剥采比的经常变化，造成设备、人员、资金等处于不稳定状态，给生产带来很多困难。尤其是剥采比高峰期，需要大量增加采掘运输设备和人员；高峰过后又要削减，短期的增减显然是不经济的。因此，往往采用调整与均衡的手段，使生产剥采比在一定时期内相对稳定，以均衡生产剥采比来指导生产。

6.6.3.1　生产剥采比的调整

在生产中，生产剥采比是可以调整的。最基本的方法如图 6-23 所示，是一种通过调整台阶间的相互位置，即改变工作平盘宽度的方法。如果将高峰期的剥

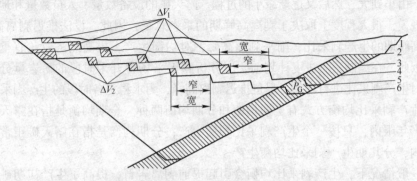

图 6-23　改变台阶相互位置调整生产剥采比

离一部分提前，一部分推后，就削减了剥采比的峰值，减少的剥采比为：

$$\Delta n = \frac{\Delta V_1 + \Delta V_2}{P_G} \qquad (6\text{-}13)$$

式中 Δn——减少的剥采比，m^3/m^3；

ΔV_1——提前剥离量，m^3；

ΔV_2——推后剥离量，m^3；

P_G——高峰期采出的矿量，m^3。

改变工作平盘宽度调整生产剥采比是有限度的。减小后的工作平盘宽度，不得小于最小工作平盘宽度；加大后的工作平盘宽度，应使露天矿能保持足够的工作台阶数量，以满足配置露天矿采掘设备的需要。

调整生产剥采比的方法还有很多，影响生产剥采比变化的因素都可用来调整生产剥采比。例如，改变开段沟长度，改变矿山工程延深方向，以及根据矿山具体地质地形条件所拟定的其他有效措施。

改变开段沟长度，是指新水平开拓准备最初形成一个小于采场走向长度的开段沟。然后一边扩帮，一边继续掘进开段沟。这种安排与将开段沟全长掘好后再扩帮的安排相比，可使剥采比高峰削减并推迟出现。采用汽车运输的露天矿，往往采取这种办法。

又如改变矿山工程延深方向调整生产剥采比的方法，也是比较有效的，但是它只有采用汽车运输移动坑线时才容易实现。另外还有许多根据露天矿具体条件确定的调整生产剥采比方法，如矿床沿走向厚度不同时，可以在生产剥采比高峰期适当地减缓或停止推进矿体较薄区段的工作线，从而降低峰值；又如采场位于复杂的山坡地形，可以利用调整不同山坡方向的工作线推进量来调整生产剥采比，等等。

6.6.3.2 生产剥采比的均衡

无论哪类矿床，矿山工程按不变的开采程序发展时，生产剥采比变化的共同规律为：由小到大，然后又逐渐减小的过程。露天矿的设备数量、人员数量和地面设施的规模，很大程度上取决于剥离高峰期的采剥总量，因此，设法推迟剥离高峰，降低高峰期的生产剥采比，削平剥离高峰，对均衡生产，提高经济效益有重要意义。因此，在编制采剥进度计划前，应分析露天采场各开采时段的矿岩量分布情况，对生产剥采比进行均衡，尽量推迟剥离高峰，力求稳定各时段的生产剥采比。

生产剥采比均衡方式有全期均衡和分期均衡两种。全期均衡是指在露天矿正常生产年限内，只按一个生产剥采比均衡生产；分期均衡是指在露天矿正常生产年限内，分几期生产剥采比均衡生产。

一般情况下，生产剥采比均衡会引起提前剥离岩石，提高了生产初期矿石成本，从生产初期的经济效益来看，这样做其实并不合理。

仍以图 6-17 为例，如果台阶单独开采和分组开采的最大工作帮坡角分别是 15°和 30°，由于它们都是按最大工作帮坡角生产，所以调整生产剥采比只能加大工作平盘，也就是只能提前剥离。如果要求包括剥离高峰在内长时期地均衡生产剥采比，便要分别将它们开采到 H_2 和 H_4 深度的剥离物提前剥离。对于小型矿山，存在年限不长，长期均衡问题不大；对于存在年限很长的大型矿山，便意味着把几年后甚至十几年、几十年后的工程提前投资，这当然是不经济的。因此，寻求加大工作帮坡角以减少基建工程量和长期均衡初期生产剥采比的要求发生矛盾，分期均衡应综合考虑这两方面的因素。

特别是在工作帮坡角很大、剥离增长持续时间长、高峰发生得很晚的情况下，以适当的时间间隔分期均衡生产剥采比，可以分期逐步增添设备，也就是让矿岩生产能力随各期生产剥采比而加大，保证矿石产量的稳定。如果设计中分期扩大矿石产量，则更可以分期均衡生产剥采比，而不采用全期或长期均衡。分期开采也是均衡生产剥采比的重要方式。图 6-24 和图 6-25 为一个存在年限很长的大型露天矿采用台阶分组开采、$\varphi = 30°$ 的分期均衡生产剥采比示意图，图中 H_1、H_2、H_3 表示分期的深度，n_1、n_2、n_3 表示各期生产剥采比均衡的数值，n_c 为深度 H_3 以前长期均衡的生产剥采比，可见长期均衡要大量提前剥离岩石。

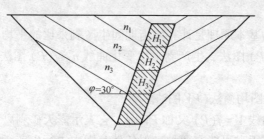

图 6-24　剥采比分期均衡示意图

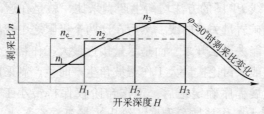

图 6-25　分期均衡的剥采比

必须指出，金属矿山尤其是有色金属矿山，往往是采选冶联合企业，企业的最终产品是金属或精矿而不是原矿石。为了维持金属或精矿产量的稳定，要求矿石产量中所含金属量稳定。在矿石品位变化较大的情况下，通过不同品位的采矿工作面搭配开采，还不能使采出矿石品位稳定时，则只能使矿石产量随品位而变化，不能再要求矿石产量不变。这样均衡露天矿的生产剥采比时，不仅要考虑采剥数量上和空间上的关系，而且要考虑矿石的品位及其空间分布。这是一个比较复杂的问题，其中特别要注意调整剥离量大而品位又低的部位。

A　均衡生产剥采比的原则

(1) 服务年限较长的露天矿可采用分期均衡生产剥采比，每期一般不小于5年；

(2) 生产剥采比的变化幅度不宜过大，变化幅度应考虑其他方面相应的变化，如工作面数目、排土场的建设、设备的购置和辅助设施的建设等；

(3) 生产初期的生产剥采比应尽量取小，由小到大逐渐增加；

(4) 开采范围大、生产年限长的矿山，当采用单一陡帮开采难以均衡生产剥采比时，宜采用分期开采或分期开采和陡帮开采相结合的方法，陡帮工作帮坡角应在 $18° \sim 35°$ 范围内调整；

(5) 两个或两个以上采场同时生产的矿山，应互相搭配，搞好综合平衡，使生产稳步发展；

(6) 分区开采的矿山，宜通过剥采比高低搭配以均衡剥采比；矿体走向很长的纵向开采的矿山，宜采用沿走向分区段不均衡推进，以均衡剥采比。

B　均衡方法

均衡剥采比的基本原理是计算均衡期间生产剥采比的平均值，具体方法有矿岩变化曲线 $V = f(P)$ 图法、生产剥采比变化曲线 $n = f(P)$ 图法和最大几个分层平均剥采比法。

a　$V = f(P)$ 图均衡法(PV 图法)

矿岩量变化曲线 $V = f(P)$ 又称 PV 图，它表示露天矿剥离量 V 和采矿量 P 关系的一种方法。露天矿可能在两种极限条件范围内进行生产，即按最大工作帮坡角生产和按最小工作帮坡角生产。后者相当于露天矿逐层开采，工作帮坡角为零。用矿岩变化曲线 PV 图的方法均衡生产剥采比，就是在这两种极限情况下计算并绘出其相应的矿岩量关系曲线，然后在这两个极限之中找出一个均衡的生产剥采比。一般不可能去逐层开采，而是尽量接近最大工作帮坡角生产。因此，为了节省工作量，一般只讨论按最大工作帮坡角生产时生产剥采比的均衡。

在矿山工程发展程序确定之后，工作台阶仅保持最小工作平盘宽度 ($B = B_{\min}$)，也就是按最大工作帮坡角发展，绘出采场延深至各水平时的平面图以及各水平的分层平面图，利用图中标出的工作线推进位置计算出延深至各水平时的采、剥量，并编制矿岩量表；然后以矿石累计量为横坐标，以剥离累计量为纵坐标，以矿岩量表中各水平的矿、岩累计量为曲线上各点的坐标值，标出各点，连成曲线，如图 6-26 所示。显然，PV 图上曲线的斜率即为剥采比，曲线斜率的变化反映了生产剥采比的变化。

曲线中每一点代表某开采水平的采矿量和剥离量,如果把曲线中两点用直线相连,如图中的 AB、BC、CD、AE,每段直线两开采水平间的生产矿岩量按直线发展,就意味着这期间生产剥采比为一固定的值,实现了均衡。

图中直线 AE 表示了一个固定的剥采比 n_{AE},其值为

$$n_{AE} = \frac{EH}{HA} = \frac{KO - AO}{JO} \qquad (6\text{-}14)$$

这是一个长期均衡生产剥采比的方

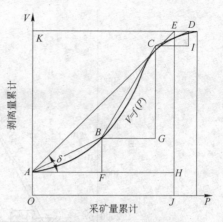

图 6-26 PV 图上均衡生产剥采比

案,其均衡的生产剥采比数值即为 n_{AE},剥离量 AO 相当于投入生产前的基建剥离量,矿量 ED 为末期无剥离采矿量。

又如折线 $ABCD$ 表示分三期均衡生产剥采比的一个方案,各期生产剥采比之值依次是:BF/AF、CG/BG、DI/CI。

在露天矿的生产实践中,工作平盘宽度不能小于 B_{min},一般要更大,即实际的剥离累计量不能少于矿山工程按最小工作平盘宽度发展时的剥离累计量,所以应在 PV 图的曲线上设计均衡剥采比。用 PV 图设计均衡生产剥采比,可以做出许多方案,一般原则是取其中基建剥离量少、初期剥采比小的分期均衡方案。这种方案的特点在 PV 图上表现为一根在曲线上方并与之最接近的折线。

b $n = f(P)$ 图均衡法

与 PV 图法类似,用生产剥采比变化曲线 $n = f(P)$ 均衡生产剥采比,同样先要按一定的工程发展顺序,在 $B = B_{min}$ 的条件下,绘出矿山工程延深至各水平的采场平面图和各水平分层平面图、计算矿岩量和剥采比;然后在直角坐标系中绘出 $n = f(P)$ 曲线,最后在此曲线上均衡。以图 6-27 为例,均衡的方法是在 $n = f(P)$ 图中选取一水平直线,此直线以上为削减的剥采比,削减的剥离量与提前的剥离量相等,即图中面积 $\Delta F_1 = \Delta F_2$。

以上两种方法都要进行大量的绘图、测量面积和计算矿岩量的工作,对于按分层平面图作设计计算的矿山来说,十分烦琐,在金属露天矿山设计中均未得到推广使用。

c 最大的相邻几个分层的平均剥采比均衡法

该方法是利用最大的相邻的几个分层的平均剥采比作为均衡生产剥采比的方法,计算如下:

$$n_{均衡} = \sum V / \sum P \qquad (6\text{-}15)$$

式中 $n_{均衡}$——均衡生产剥采比,m^3/m^3;

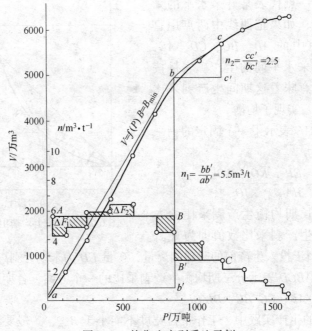

图 6-27　均衡生产剥采比示例

ΣV——最大几个相邻分层的剥离总量，m^3；

ΣP——最大几个相邻分层的总采矿量，m^3。

这是一个经验公式，简单实用。从图 6-17 中可知，在工作帮坡角较缓的情况下（目前我国金属矿都按台阶单独开采设计，其工作帮坡角一般都小于 15°），生产剥采比曲线很接近分层剥采比曲线，剥离洪峰出现较早，相邻最大几个分层的平均分层剥采比比较接近前期的生产剥采比。因此，用相邻最大几个分层的平均分层剥采比，作为均衡生产剥采比来安排露天矿进度计划，一般问题不大。但是，如果工作帮坡角较大、生产剥采比高峰出现较晚时，用这种方法对于前期生产则偏差较大。工作帮坡角越陡，这种偏差越大。

无论采用哪种方法确定均衡生产剥采比，都是为编制采掘进度计划、安排采剥量提供参考依据。最终的生产剥采比要通过编制采掘进度计划加以验证与落实，也就是说，设计中要通过安排采掘进度计划，具体均衡生产剥采比。

6.7　编制采掘进度计划前的准备工作

6.7.1　露天矿生产时期划分

露天矿的存在年限，从开始建设到开采结束，可划分为基建、投产、达产和结束四个时期。

（1）基建工程。露天开采必须完成一定的矿山基建工程量、开掘出入沟、揭露覆盖层，建立地表至矿体的通道；同时，为正常剥采工作建立工作面，须完成一定的开拓延深工程量。

（2）投产。露天矿投入生产，必须具备下列条件：

1）正常生产所需要的外部运输、供电和供水等工程设施均应建成完整的系统；

2）破碎站、选矿厂和压气、机修等辅助设施均应全部或分期建成并达到相应规模；

3）矿山内部已建成完整的矿石和废石运输系统；

4）剥离工程应保证矿山具有持续增长的生产能力，并保有相应的储备矿量；

5）矿石产量和质量达到规定的指标，并在经济上要有所积累；

6）投产时产量标准规定不低于设计规模的15%~20%，通常按30%计；

7）投产期不超过3年。

（3）达产与设计计算年。矿山达到设计生产能力后，应保持较长的稳定时间，一般应超过服务年限的2/3。

设计计算年是指露天采剥总量达到最大规模的初始年度。从这一年开始，将按设计矿石生产能力和最大均衡生产剥采比持续生产较长一段时间。在设计中，将计算年的采剥总量作为计算矿山设备、动力、材料消耗、人员编制、建设规模及辅助设施的依据。

6.7.2 基建工程量的确定和基建期末平面图的绘制

6.7.2.1 基建工程量的确定

采矿基建工程项目包括以下内容：

（1）露天矿达到设计规模以前所需完成的开拓及排水工程，主要有运输线路，开拓系统的沟道及井巷工程，排水疏干的井巷工程及排水沟。

（2）露天矿投产以前掘进的开段沟、采矿和剥离工程。

露天矿在基建时期使用基建投资完成的工程量，称做基建工程量。

矿山工程开始时，一般全部为剥离岩石。见矿初，剥采比很大；随矿体逐步出露，自然剥采比由大到小。

合理确定剥岩量，直接影响到矿山的基建投资。如果压缩矿山基建工程量来减少基建投资，实质是将矿山基建工程量转移到生产中。

如果超前剥离，从经济角度看是不可取的，因为超前剥离就是提前投入，同时将可以采出矿石滞留在采场内。早投入、不产出，经济上是不合理的。只有在经济上有利的情况下，才能考虑超前剥离问题。如为了平衡生产时期设备，为矿山与选厂同步投入生产等有条件的超前剥离。

因此，基建工程量要本着少投入、多产出、快产出和提高经济效益的原则确定。基建工程量宜稍高一点，避免矿山无法经营生产。

6.7.2.2　基建期末平面图的绘制

毕业设计要求绘制一张基建期末平面图，也作为进度计划第一年年初的现状图。

图上须标出各水平的工作线位置、出入沟和开段沟位置、挖掘机的配置、矿岩地质界线、开拓运输系统等内容。

6.7.3　确定合理的开采顺序

编制采剥进度计划之前，应认真研究和确定合理的开采顺序，包括首采地段的选择、接近矿体的方式、工程推进方向等。开采顺序选择应更注重工程前期投入小，初期剥采比小，尽早获益，投产和达产时间短，降低开采的损失和贫化率等。

首采地段应选择在矿体厚度大、品位高的富矿地段，同时，覆盖层薄、基建剥离量少和开采技术条件好，也是必须考虑的，以便达到投入小和回报高的最终目标。

例如，某矿床属大规模、低品位矿床，矿体埋藏较浅、覆盖层较厚。矿区内的四个矿化带内发现大小矿体 215 个，其中规模最大的 3 号矿带×号主矿体地表露头长度近 1000m。根据×号矿体的埋藏条件及设计圈定的露天境界内矿岩量，×号矿体中部矿体比较厚大，覆盖层较薄，剥采比较小，勘探程度较高。经过技术经济比较，确定首采地段选择×号矿体中部，基建期 1 年。

6.7.4　新水平降深方式的选择

新水平降深方式要结合开拓系统来选择。目前国内外大部分露天矿山采用汽车开拓系统，为新水平准备创造了灵活便捷的条件。

(1) 山坡露天降深方式。山坡露天矿一般根据矿体倾向和地形条件，按台阶高度沿地形开段沟。

(2) 深凹露天降深方式：深凹露天矿汽车开拓根据需要可布置为移动坑线，能够采用沿矿体走向、垂直走向，双侧布置工作线。垂直、沿走向推进，灵活性好，开沟速度快，还可在采场端帮垂直走向单侧或多向布置工作线，平行走向或多向推进。

确定推进方向还可考虑：

(1) 矿体品位分布，便于分采，配矿和运输。

(2) 矿岩力学性质，如主裂隙、节理方向等，便于爆破，获得理想的块度，并降低炸药消耗。

设计中，新水平准备时间及矿山工程延深速度可以参照类似矿山的实际资料选取，也可以通过编制新水平准备的进度计划来确定。

6.8 采掘进度计划编制

编制采掘进度计划是在分层平面图上确定工作线年末位置和计算矿岩量，能够完全反映各台阶开采的时空关系。目前手工编制（CAD 辅助）仍是国内编制采剥进度计划的主要手段。

毕业设计一般要求编制投产后 10 年采剥进度计划。编制采剥进度计划宜采用图表法，包括采剥工作进度计划图表、开采年末图、矿山逐年产量发展曲线以及进度计划说明书。

计划编制根据矿山的具体条件，在达产前尽快投入全部开采设备，以技术可能的最大延深速度进行采剥，争取早日达到设计能力。

达产后，由于各开采水平的工作线较长，采掘设备、剥采量、延深与扩帮速度等关系的妥善安排与控制比较复杂，这时，年末工作线的位置要根据分析得出的露天矿逐年延深到达的标高、延深对扩帮的要求、生产剥采比、最小工作平盘宽度、挖掘机生产能力及配铲的可能性等因素综合考虑来确定。

进度计划的编制是以挖掘机生产能力为计算单元，同时工作的水平能配置的挖掘机所完成的采剥总量，即为露天矿的生产能力。

进度计划的编制从第 1 年开始，逐年进行。主要工作是确定各水平在各年末的工作线位置、各年的矿岩采剥量，并配置相应的挖掘机。主要步骤如下：

（1）在分层平面图上逐年逐水平确定年末工作线位置。

在上一年年末图（第一年用基建期末图）工作帮上，从第 1 个水平分层开始，逐水平画出年末工作线的位置，并计算本年度的矿岩采剥量；然后检验所涉及各台阶水平的推进线位置与矿岩产量及矿石品位是否满足相关约束条件，若不满足，则重新调整计算，直至满足要求。

生产中上下相邻水平应保持足够的超前关系，只有当上水平推进到一定宽度，使下水平暴露出足够的作业面积时，才能在下水平开始掘沟。在上水平采出这一面积所需的时间，即为下水平滞后开采的时间。多水平同时作业时，应注意各水平推进速度的相互协调。有时受上水平局部地段运输条件或其他因素制约，会影响下水平的推进。一旦上水平条件允许后，应迅速将下水平工作线推进至正常位置，以免影响整个矿山的发展程序。

绘制具有年末位置线的分层平面图，可以确定挖掘机的作业起止时间及调配情况。掘沟与扩帮，采矿与剥离，基建与生产等各种情况下的挖掘机生产能力，可按类似矿山的实际资料选取。

（2）编制采掘进度计划表。

从上一步骤可以得出各个台阶水平的采剥量、剥采比及矿石品位等信息，将这些数据绘制成采掘进度计划表。该表可以表示：每台挖掘机的工作水平，作业起止时间及其采掘量；新水平准备、出入沟、开段沟和各水平开采的起止时间；逐年采出的矿量、岩量和生产剥采比；各水平矿量、岩量及其种类；主要设备数量及调动情况；投产、达产和设计计算年的时间等。

（3）绘制露天采出年末综合平面图。

年末图是以地表地形图和分层平面图为基础，将各水平年末推进线、运输线路等加入图中绘制而成。图中主要包含坐标网、勘探线、采场以外地形和矿岩运输线路、已揭露的矿岩界限、年末各台阶水平的工作线位置、采场内运输线路等。

从年末图上可以清楚地看到该年末的采场现状。

（4）绘制逐年产量发展曲线。

如图 6-28 所示，横坐标表示开采年度，纵坐标表示采剥总量、矿石量、岩石量。该发展曲线应是根据采掘进度计划表（表 6-3）中矿岩量数字整理绘制的。

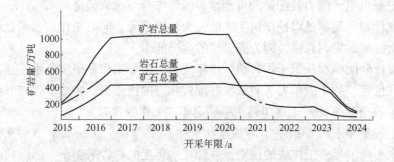

图 6-28　某铁矿逐年产量发展曲线

计算年以后至开采终了各年的产量，可按各水平埋藏比例、分层剥采比推算得出。

进度计划是应认真编制与实施的。但由于客观情况的变化，常常需要部分修改原计划。凭经验编制的采掘进度计划，不一定是最优方案。特别是当情况发生变化（如设备不能按时供应）时，原计划往往难以实施时，也需要及时修改和完善原计划。

表6-3　某矿采矿进度计划表

工作水平	富矿 万米³	富矿 万吨	贫矿 万米³	贫矿 万吨	合计 万米³	合计 万吨	岩石 万米³	岩石 万吨	矿岩合计 万米³	矿岩合计 万吨	工作内容	挖掘机号
地表~140							41.5	107.9	41.5	107.9	剥岩	N1
140~115	98.0	333.2	46.3	129.7	144.3	462.9	204.4	531.4	348.7	994.3	剥岩 / 采矿	N2 N3 / N2
115~101	86.7	294.8	90.5	254.9	177.2	549.7	304.3	791.1	481.5	1340.7	剥岩 / 采矿	N4 / N4 N5
101~87	88.5	300.6	126.6	355.9	215.1	656.5	398.3	1035.6	613.4	1692.1	剥岩 / 采矿	N1 N6 / N1
87~73	92.2	313.4	168.8	474.6	260.9	788	476.6	1239.2	737.5	2027.5	剥岩 / 采矿	N7
73~59	71.1	241.7	210.9	588.7	282	830.4	521	1354.5	803	2184.9	剥岩 / 采矿	
59~45	46.8	159.2	219.1	601.9	266	765.1	496.2	1290.1	762.2	2055.2	剥岩 / 采矿	
45~30	58.4	198.5	232.8	641.4	291.2	839.9	447.1	1162.5	738.3	2002.3	剥岩	

年度进度（各工作水平）：

挖掘机号	第1年	第2年	第3年	第4年	第5年	第6年	第7年	第8年
N1	0+0+18=18	0+0+23.5=23.5						
N2	3.2+0.7+29=32.9	25+10.5+44.5=80						
N3	1.3+1.7+16.3=19.3		38.8+14.5+52.5=105.8	29.7+18.9+62.1=110.7				
N4		0+2+2+28.3=30.5	0+0+4.5=4.5；24.3+19.8+37.1=81.2	20+17.1+68.9=106	15.8+23.4+71=110.6	18.6+6.4+75=100	7.8+9.3+8=25.2	36+46.4+23.2=106.6
N5		0+2.1+11.4=13.5						
N1			0+0+40=40	14+26.9+64.1=105	27.5+15.1+67=109.6	23.8+11.4+19.8=55	12+20+16=48	
N6			0+0.5+4.5+24.9					
N7			0+3.1+22.9=26	13.2+20.3+46.5=80	0+0.5+8.8=9.3	20.1+21.8+38.1=80	3.1+24.3+80.1=108	25+17.8+68.8=111.6
采矿				0+0+21.1=21.1	0+0+21.2=21.2	0+0.24+56=80 / 0+4+4.6=10	3.1+1.24+80.1=108 / 0.17+14+55.2=70	7.5+11.9+59.6=79 / 4.2+17.9+66.7=88.8 / 0+0+6.5=6.5

投产：第2~3年　　达产：第4~5年

年度汇总：

矿石	单位	第1年		第2年		第3年		第4年		第5年		第6年		第7年		第8年	
		万米³	万吨	万米³	万吨	万米³	万吨	万米³	万吨	万米³	万吨	万米³	万吨	万米³	万吨	万米³	万吨
富矿		4.5	15.3	25.2	85.7	63.1	214.5	63.7	216.6	55.9	190.1	55.6	189.0	43.7	148.7	40.3	137.0
贫矿		2.4	6.7	14.6	40.9	39.7	111.2	66.0	184.8	76.8	215.0	76.1	213.1	90.1	254.5	94	263.2
小计		6.9	22	39.8	126.6	102.8	325.7	129.7	401.4	132.7	405.1	131.7	402.1	134.6	403.2	134.3	400.2
岩石合计		63.6	164.6	107.7	280	153.6	399.4	218.0	566.8	216.9	563.9	224.5	583.7	222.7	578.8	224.8	584.5
矿岩合计		70.2	186.6	147.5	406.6	256.4	725.1	347.7	968.2	349.6	969.0	356.2	985.8	357.3	982.0	359.1	984.7

剥采比	单位	第1年	第2年	第3年	第4年	第5年	第6年	第7年	第8年
剥采比	米³/米³	9.1	2.7	1.51	1.68	1.63	1.70	1.66	1.68
	吨/吨	7.5	2.2	1.23	1.40	1.39	1.45	1.43	1.46
电铲台数		3	5	7	7	7	7	7	7

图例：

路堑

矿岩合计＝富矿＋贫矿＋岩石合计

7 矿山总平面布置

7.1 设计任务与内容

7.1.1 设计任务

总图布置任务内容为：合理布置建设项目各场地间以及场地内各设施空间位置的设计，确定各场地间配置的工作，称为总图布置。确定场地内部各设施配置的工作，包括平面布置、竖向布置、管线综合布置和绿化布置。矿山总图布置的主要任务，是根据采矿工艺、矿岩运输和地面加工等使用要求，结合矿区地形、地质、水文和气象等自然条件，对生产、管理和生活所需的构筑物、建筑物进行全面规划与布置，并使它们之间互相联系、互相作用，形成一个彼此协调的有机整体。

总平面布置主要应了解和掌握以下内容：

(1) 了解总图布置的组成；

(2) 了解总图布置的基本原则；

(3) 了解厂（场）址选择的要求与总平面设计要求；

(4) 掌握总图平面布置设计方法；

(5) 了解总图竖向布置。

7.1.2 设计内容

7.1.2.1 毕业设计说明书

根据设计的具体内容，本章的标题为"矿山总平面布置"，可分为5个小节：

(1) 总图布置的组成；

(2) 总图布置的基本原则和注意事项；

(3) 厂（场）址选择的要求与总平面设计要求；

(4) 总图平面布置设计：总图组成的布置、厂区运输线路设计；

(5) 总图竖向布置设计：叙述场地平整、土石方工程量计算、管线综合布置、绿化布置。

7.1.2.2 应注意的问题

总平面布置应注意的问题为:

(1) 除完成毕业设计说明书的相关内容编制外,还应完成矿山总平面布置图的绘制。图名为"××矿厂区总平面布置图"。图上表示建设项目所有的建筑物、构筑物、运输线路、管线、绿化和美化设施,并标有地形、地物、坐标网和风玫瑰(或指北针)等。

(2) 矿山总平面布置图用 Auto CAD 绘制,绘图比例为 1 : 1000 或 1 : 2000 或 1 : 5000。

7.2 总图布置的组成

露天矿采出的原矿,一般经过破碎后运往用户,剥离的岩土则运往排土场。当矿物品位较低、矿山水源充足且有足够的建厂场地时,将选矿厂设在露天矿近旁,原矿经过选矿,排除尾矿,再将品位较高的精矿运往用户。

露天矿除了采、选生产系统的各种设施外,还有动力、供水、供热、机修、仓库、运输、行政及生活福利设施。露天矿的总图布置,一般应包括以上各种设施。

现将露天矿与选矿厂联合设置时总图布置的各组成部分分述如下:

(1) 露天采场。露天矿根据矿床地质、产量要求及开采技术等条件,经设计确定开采境界。在总图布置时,应考虑开采部分随时间推移的变化和在开采过程中爆破的影响。露天矿的采场位置及范围受矿床赋存条件的约束,不能随意选择或改动。

(2) 排土场。为了排弃、堆置露天矿剥离的大量岩土,需在采场附近适当地点设置一处或多处外排土场。各外排土场的位置,堆高及排弃顺序,由总平面设计和排土工艺确定。对于那些暂时不能回收的伴生(或共生)矿物,应分别堆置,以利将来回收利用。对含有放射性元素的矿物、废石及尾矿的堆置,应符合放射性防护规定中的要求。

(3) 破碎筛分设施、选矿厂。破碎筛分设施通常与选矿厂设在一起,如矿物不需精选,则可设在矿山工业场地附近,或单独设置。当选矿厂距离采场较远时,或露天矿采用平硐溜井开拓,或采用联合运输(汽车与胶带)时,往往将粗破碎单独设置在采场附近、平硐内,或设在采场内(半固定的)。

(4) 矿山工业场地。矿山工业场地的位置随矿山总图布置方式不同而异。它包括行政福利设施、仓库、修理及动力等设施,可以单独设置在采场附近,为采矿生产服务;也可与选矿厂合并在一起,为整个露天矿服务。对于后者,为了采矿生产管理方便,往往在采场附近设置一些必要的设施,组成一个局部的采矿工业场地。至于为整个矿区服务的场地，称为集中工业场地，往往包括为其他露天矿或矿井服务的设施。

（5）炸药库。炸药库属仓库设施之一，因有爆炸危险性，一般应单独设置。库区除有储存炸药的仓库外，还有储存导爆材料的仓库、炸药加工室（厂）、炸药干燥室、警卫与消防等设施。

（6）供水水源。供水水源一般取用地面水或地下水，通常由取水构筑物、泵站、管网、蓄水池等组成。

（7）尾矿场。选矿排出的尾矿，一般用水力输送到尾矿场积存。为保护环境和减少用地，应着眼于尾矿的综合利用。尾矿场应利用山谷筑坝形成一定库容；若无山谷可利用，可在平地筑环形堤坝存放尾矿。

（8）污水处理设施。一般应在工业场地及居住区设有处理生产和生活的污水处理厂。当选矿厂采用浮选工艺时，在尾矿厂附近设置污水处理设施，将尾矿水处理后排入天然水体。如尾矿水需回收利用，也可设在选矿厂附近。

（9）居住区。居住区由职工宿舍、学校、医院、商店和俱乐部等文化生活设施组成。可设在现有市镇近旁成为其一部分，或单独设置形成新的市镇。

（10）运输设施。露天矿的生产运输设施是根据矿山开拓运输方式确定的，矿山的原材料、设备和成品矿一般用铁路或汽车运输，并与国家铁路和公路网相通。

7.3　总图布置的基本原则和注意事项

7.3.1　总图布置的基本原则

（1）符合运输流程。各设施要按矿山内外部物流运输顺序布置。工序之间按运输的疏密程度排列，紧密地相邻布置，使物料在流动时，无折返和迂回，无重复搬运，路径最短。

（2）利用自然条件。自然条件指地形、地质、水文和气象等。要充分利用有利于建设的自然条件，避开或改变不利于建设的自然条件。

（3）创造良好环境。要避免或减少设施间的相互干扰，如对要求环境洁净的建筑优先安排合适的位置，并按功能需要进行绿化和修筑建筑小区。

（4）适应城镇规划。要和当地的城镇、工业、农业、水利、交通等现状和远景规划相适应，使建设各方都力求合理。

7.3.2　露天矿总图布置时应注意的事项

总图布置时应注意的事项为：

（1）露天矿总图布置应尽量与当地建设规划相协调。

（2）在露天矿的爆破危险区和地下采矿的塌陷区，以及在尚未开发而具有开采价值的矿床上，一般不得布置永久性生产、生活设施。如确实需要在这些地点布置，必须经技术经济论证和采取必要的防护措施。

（3）各项永久性设施的场地应尽量避免布置在矿体上盘一侧，否则，应充分估计到远景开采境界的范围，以免与远期开采发生冲突。

（4）在山坡露天矿附近布置设施时，应避开矿床开采残留的浮石由于各种原因松动沿山坡滚下可能到达的范围；如不能避开时，应采取有效的防护措施。

（5）在有水患威胁地区和有积雪危害地区，一般不得布置各项设施；如不可避免时，应有必要的防护措施。

（6）各项设施用地应尽量利用荒地、空地、劣地。如果必须占用耕地及其他农林用地时，要精打细算，尽可能少占，并采取造田、改土、旱地变水田等措施，努力做到占田不减产。此外，还应尽量避免拆迁村庄。

（7）各项设施还应避开以下地区：工程地质不良地区；森林自然保护区；水土保持禁垦区；疗养区；风景区；重要文化古迹和考古区；以及按当地少数民族风俗习惯应保护的地区。

（8）露天矿设置排弃岩土、尾矿，以及各种工业废物、废料、生活垃圾等的场地时，必须遵守国家颁布的《环境保护法》的规定。

（9）露天矿的采场、排土场、破碎车间、贮矿厂等处都有大量粉尘散发，除采取防尘措施外，在总图布置时，应注意它们与其他设施在风向上的关系。当露天矿的各项设施需布置在山谷中时，应注意风向不像平原多变，而是每昼夜交替着山风和谷风。工业场地的长轴应顺山沟布置，散发粉尘的场地或设施应位于短轴的一端，并将防尘要求较高的设施布置在与其相对的一端。居住区则不宜与工业场地设在同一山沟内；必须设在同一山沟中时，应与工业场地保持较大距离。

（10）扩建的露天矿和位于老矿区附近的新建露天矿，均应充分利用已有的场地及设施。

（11）各项设施配合采矿要求分期建设时，初期和以后各期建设工程在总图布置上应做全面安排。在建设上和生产上经济合理的条件下，初期工程项目尽量互相靠近布置；分期建设的工程，应分期征用土地。

7.4　总图平面布置设计

总图平面布置设计的主要内容包括：确定工厂布置形式、划分生产街区、配置建构筑物、布置运输线路及管线、安排绿化用地等。方案力求用地面积最省和搬运费最少。

7.4.1　工厂布置形式

矿山生产一般是全过程连续生产的流水作业线，因此，其平面布置属于物料无折返、无迂回、循序渐进的"连续贯通"型，具体布置形式，则取决于场地形状、地形、地质、生产工艺和运输条件等条件。

总图平面布置要适应不断发展的需要，按建设阶段系统地分层式布置。

7.4.2　生产街区

根据生产管理上的需要，冶金工厂厂区划分成若干街区。街区以功能划分，即在某一街区内布置以某一生产设施为主体的，包括与其配套的辅助生产、公用和生活设施在内的所有建、构筑物。

街区是以厂内主、次干道划界的。街区周边要求规整。主、次干道两侧临街建、构筑物间的地带称为通道，并按其重要性分为主要通道和次要通道。通道宽度取决于在其间布置的道路、铁路、管线和绿化等需要的占地，并考虑安全、卫生和美观等因素。通道两侧的边线称为建筑红线。街区内任何建、构筑物，包括其附属设施的平面投影，均不能侵入该红线。

7.4.3　建、构筑物的布置

生产性建、构筑物的布置顺序是由物流确定的。两座设施间传递物流的关系，即物流总量或单位时间内的物流量——物流强度决定了两者间的接近度。对非生产性设施，则指两者间管理上的关联频度、设施共用程度等，频度愈大，关系也愈紧密。建、构筑物之间要留有防火、防爆、抗震、防水雾、防噪声或其他特殊需要的安全和卫生等防护间距。此外，要留出今后扩建和检修需要的场地。

要求环境洁净的建、构筑物，要布置在产生污染源的上风处。建、构筑物的布置要兼顾群体建筑艺术的需要。

生产管理区是工厂的窗口，是重点绿化和美化的地区。全厂的和车间的生产管理和生活福利建筑群是人流活动频繁的地点，配置这些建筑群时，要符合人流路径。公共建筑物门前，要有集散人群的广场。

7.4.4　运输线路布置

露天矿的厂区（当不包括选矿厂时，也可称为矿区）运输线路，是指矿山工业场地和选矿厂厂区内各车间或设施之间的交通运输线路，以及工业场地和选矿厂与厂区外的各个单独设施联系的交通运输线路，即除运输矿石和剥离物的生产线路以外的各种交通运输线路。道路网一般要求平直、贯通全厂和均匀分布，并形成环状。布置道路要兼顾消防的要求。所有运输线路的布置都要求短直，减少工程量并方便管理。

各车间或设施都应有能行驶一般载重汽车的道路。

成品矿（破碎后的矿石和精矿粉）外运一般采用铁路运输（厂外线）。

当露天采场和工业场地相对高差较大时，为了矿山工作人员的交通和材料运输的方便，可设置卷扬机道或其他相关设施。

7.4.4.1 厂区道路布置

A 厂区道路的布置要求

（1）厂区道路是构成厂区总平面的骨架，使各个建、构筑物之间联系方便，并使厂区整齐美观。布置既需紧凑，又有适当的机动和发展余地。

（2）厂区道路应与沿线各项设施（如绿化带、人行道、铁路、各种管线及其附属构筑物、建筑物的散水坡、地面排水设施、平土边坡等等）互相根据各自的技术要求在距离和标高上相互协调。

（3）厂区道路应尽量与矿山基建期间所需要的道路相结合。对于已有道路，也应尽量加以利用；如技术条件不适宜时，应尽量进行适当改造。

（4）在厂区道路上经常停车的地点和道路的尽头处，均应有便于汽车停车和回车的条件。有装卸作业的地点，还应有必要的装卸作业场地。

（5）厂区道路应尽量避免与厂区铁路交叉。必须交叉时，应避开铁路有调车作业或停放机车、车辆的路段。

B 厂区道路的技术条件

（1）厂区道路的技术条件应符合现行《厂矿道路设计规范》的有关规定。工业场地和选矿厂内部的道路应符合该规范"厂内道路"的规定。厂内道路的设置及道路宽度应满足生产运输车辆、消防车辆和行人通行条件的要求，路面宽度不应小于4.0m。道路通行净空高度不应小于4.5m。道路路面宜采用混凝土路面。矿山工业场地内的生产运输道路，可兼作消防通道，消防通道应全场贯通无障碍。

（2）其他厂区道路应符合该规范"露天矿山公路"辅助线的规定；当线路较长并与地方共用时，其共用路段应符合该规范"厂外公路"三、四级公路的规定。

7.4.4.2 厂区铁路布置要求及其技术条件

A 铁路的布置要求

（1）厂区铁路线系统，通常由外运成品矿的装车站线路和厂内有大宗物料运输的设施（如仓库、堆场等）或有大件设备运输的设施（如选矿车间、机修车间等）相联系的线路组成。当采矿开拓运输用铁路时，还包括有在破碎车间的原矿受矿槽卸车站线路，以及与开拓运输铁路的线路维护设施和机车车辆修理设施联系的线路。这些线路由于本身技术条件要求较高，并且常受与铁路厂外线和开拓运输铁路系统的联系条件的限制，成为影响厂区总平面布置的重要因素，故应与总平面布置密切配合，以取得互相协调。

（2）为了与总平面的有利配合，厂区铁路一般是顺着厂区纵轴线（长轴线）布置的，因而要求厂区纵轴方向的平土坡度平缓。

（3）厂区的装卸车站与各线路的衔接应考虑列车运行的安全顺畅和站场发展的需要。装卸车站一般都是设在厂区纵向两外侧边缘的。

（4）厂区铁路及与其有联系的各项设施，应互相配合，并力求沿铁路线布置，使线路简短，减少股道数量和扇形地带占地面积（或为利用扇形面积创造条件）。

（5）散装物料的卸车线，一般应按高线路低货位的方式设置。

（6）易燃及可燃液体的卸车线，一般宜设计成专用的尽头线。爆炸材料的卸车线，应与其他线路隔开，宜设在厂区外缘偏僻处。

（7）厂区铁路与道路交叉时，宜采取正交；斜交时，交角不宜小于45°。平交道口的宽度不应小于道路路面与铁路交切的宽度。道口宽度范围内，不得有道岔的任何组成部分进入。

（8）厂区铁路不应与厂区道路紧靠平行设置；不可避免时，必须在两者间采取可靠的防止道路行人在道口以外的沿线穿越铁路的措施。

B　厂区铁路的技术条件

（1）厂区铁路的技术条件应符合现行的《工业企业准轨铁路设计规范》有关"厂内线"的规定。

（2）当采用窄轨铁路时，应符合各部门制定的窄轨铁路设计技术条件的规定。

7.4.5　室外管线布置

输送能源介质的管线一般分为动力、电力和水道三大类，铺设方式有地下和地上（含沿地表敷设）两种。

室外管线一般沿道路平行敷设。管线间以及管线与建、构筑物间采用允许的最小间距。此外，管线不能横穿场地和影响工厂的发展。

7.4.6　绿化布置

绿化是矿山企业保护和改善环境、美化厂容的措施之一。其作用是净化大气、调节气候、衰减噪声、消烟吸尘、降低风速和美化环境。绿化布置是根据矿山企业散发污染物的情况，植树造林，以减轻其对企业周围以及企业内部洁净设施的污染影响。按此功能要求，在平面布置中规划出达到预期效果的用地。绿化布置要点、线、面相结合，普遍绿化和重点绿化相结合。绿化布置需满足工程技术有关要求，不影响地上和地下管线的铺设与检修，不危及铁路和道路的行车安全，不遮挡建筑物的自然采光与通风。全厂的和车间的生产管理和生活福利区是重点绿化区，须加以必要的美化。要求洁净的设施和散发污染源的设施周围也要予以绿化，围墙内侧和道路两侧建造林带，管线带上可种植草皮与灌木。厂区内一切非建筑地带均需绿化，使绿化用地率或绿化覆盖率达到规定的指标。绿化布置，要根据当地气象和土壤特点、生产设施的性质等，选择合适的乡土树种和栽植方法。

绿化设计应注意以下几点：

（1）树木与建、构筑物的距离；

（2）铁工路交叉口绿化的树木应避免遮挡视线；

（3）绿化占地最小宽度，树木栽植株距。

7.4.7 矿山总平面布置图的绘制

毕业设计要求完成矿山总平面布置图的绘制，图名为"××矿厂区总平面布置图"。

结合毕业设计内容，并参照如图 7-1 所示的总图布置的各组成成分的相互关系，在矿山地形图上确定总图布置的组成成分的位置，通过线路布置将各组成成分连接起来，完成总图平面设计。

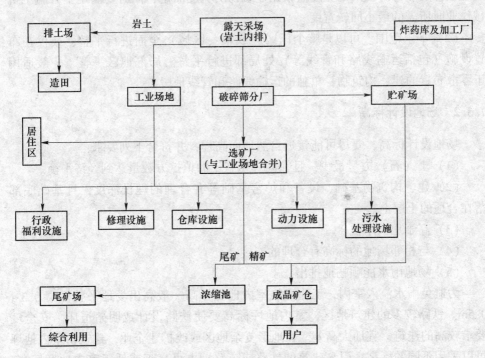

图 7-1　露天矿总图布置各组成成分及其相互间的关系

在矿山地形图上，图上示出建设项目所有的建筑物、构筑物、运输线路、管线、绿化和美化设施，并标有地形、地物、坐标网和风玫瑰（或指北针）等。

矿山总平面布置图用 Auto CAD 绘制，绘图比例为 1：1000 或 1：2000 或 1：5000。

7.5　总图竖向布置设计

竖向布置设计的主要内容有：确定场地平整形式和场地设计标高；计算土（石）方工程量；编制土方的平衡和调配；设计场地排雨水系统等。

7.5.1　场地平整形式

场地平整形式包括平土形式和平土范围：

（1）平土形式，有平坡式和台阶（阶梯）式。两相邻平土区域的整平面在界面连接处，如无急剧变化时，称为平坡式，一般用于地形平坦或厂区宽度不大的场合。界面连接处如有悬殊的高差时，称为台阶式，一般用于地形较陡或厂区宽度较大的场合。台阶式平土形式可以减少土（石）方工程量和建、构筑物基础埋设深度。每一台阶的宽度需根据建筑物的宽度而定，同时要满足土方施工机械作业时所需的最小回转宽度。

（2）平土范围。可以是整个厂区（或某一区域）全面进行平整，或仅在布置设施（包括运输线路和管线等）处局部进行平整。局部地区平整，一般适用于零散布置的建、构筑物，单独的运输线路和管线地段。

7.5.2　场地设计标高

场地设计标高，要尽可能接近自然地面高程，并符合下列要求：

（1）土（石）方量最少，且在同一期施工的填挖方数量达到经济平衡。

（2）建、构筑物基础，设备和炉窑基础等有合理的埋设深度，且基础底部落在合适的土层上。

（3）高于地下水位。

（4）与相邻场地的标高有合理的连接。

（5）场地雨水能顺畅地排出。

为避免雨水流入室内，工业建筑室内地坪标高一般高出场地平整标高 0.3～0.5m。铁路较多的建筑地区，室内地坪标高要使铁路设计成明碴道床。安全度要求较高的建筑，宜加大高差。在地形复杂地区或改扩建企业，建筑物室内地坪可以采用不同的标高；引入建筑的铁路或道路，也可高于或低于室内地坪标高；或采用其他因地制宜、可减少建设费用的措施。

7.5.3 土（石）方工程量计算

常用的土（石）方工程量计算方法有断面法和方格网法两种，其计算方法如下：

（1）断面法。通常用于场地平整和铁路、道路的土方计算。它根据地形坡度的陡缓，按合适的间距划分若干断面，分别计算出各断面的填方和挖方数量，再按两相邻断面的平均填、挖方数量累计得到总填、挖方量。

（2）方格网法。通常用于场地平整的土方计算。将拟平整的场地按平行于坐标网划分成若干边长相同的方格，再计算出各方格角点的填高或挖深，用几何图形公式逐一算出各方格的土方数量并累计。

7.5.4 土方工程量平衡

当平衡同一建设阶段或某一街区填挖方数量时，还要考虑以下各点：

（1）挖方，由实方因松散而增加的体积；填方，由虚方因压实而减少的体积。

（2）建（构）筑物基础、炉窑地下工程、地下管线等基槽余土和道路基槽余土等。

（3）有机物超过规定需挖除的表土和耕植土，河沟和池塘需挖除的淤泥等。

（4）不能作为场地回填材料的挖土或石料，但经过处理可以利用的除外。

（5）在土方施工期间，工厂伴生的、可以回填场地的废弃物等。

在符合有关技术条件的情况下，加上按上各点算出的填挖方仍不能平衡时，可调整场地平整标高。

7.5.5 土方工程调配

在调配土方时，要尽可能将挖方就近一次搬移到需填土的地段。填方地区，最好使用同一土壤。要绘制土方调配图。

7.5.6 场地排雨水

场地排雨水系统有暗管、明沟及两者兼用的系统。如厂内采用城市型道路，屋内采用内排水或水路径较长时，多采用暗管排水。排雨水系统能力要根据暴雨强度、重现期、汇水面积和径流系等计算确定。设堤防御洪水的厂区，要设置必要的机力强排雨水系统。明沟穿越铁路或道路时，要修筑排水构筑物。

8 矿山防洪、排水工作

8.1 设计任务与内容

8.1.1 设计任务

矿山防洪与排水设计，应综合矿区、周边地区的降水量大小、涌水量、汇水面积、地形地貌、水文地质条件、开采方式、开拓运输方案、开采规模和服务年限等因素确定。防洪与排水设计，应以防为主、防排结合。主要应了解和掌握以下内容：

(1) 地表水防治的工程或设施，通过拦截、疏导，使地表水不能直接流入采区。

(2) 采用隔离法或疏干法阻止地下水进入采场。

(3) 采坑排水方法。

8.1.2 设计内容

根据设计的具体内容，本章的标题为"矿山防排水工作"，可分为3个小节：

(1) 地表水的防排水方法设计。根据矿区地表水的实际情况，合理选择通过拦截、疏导方法，使地表水不能直接流入采区。

(2) 地下水疏干方法设计。当需要进行地下水疏干的情况下，选择巷道、疏水钻孔、明沟等流水构筑物对地下水害进行预防。

(3) 坑内排水方法设计。根据矿山实际，有条件时尽量采用自流排水方案，否则采用机力强排排水方案，计算涌水量，选择排水泵，使排水与贮水平衡，确保生产。

8.2 露天矿防排水方式

露天矿防水方式通常有河流改道、水库防洪、矿床地下水疏干。

露天矿排水方式主要有山坡露天的自流排水和矿坑机力强排排水。

8.2.1 地表水的防排设计

　　露天矿地表水的防治工程是防止降雨径流和地表水流入露天采场，减少露天采场的排水量，节约能源，改善采掘作业条件并保证其工作安全的技术措施。

　　地面防水工程的防治对象，多为汇水面积小的降雨坡面径流或季节性小河、小溪、冲沟等，雨季水量骤增，旱季水流很小，甚至无水，一般缺少实测水文资料。进行洪水计算时，主要采用洪痕调查、地区性经验公式或小汇水面积洪水推理公式等方法。

　　地表水的防治工程必须贯彻以农业为基础的方针，和农田水利设施相结合，保护资源，防止污染，并尽量不占或少占农田。矿区地表水的防治还必须与矿坑排水和矿床疏干等工程密切配合，统筹安排，以防为主，防排相结合。凡是能以防水工程拦截疏导的地表水流，原则上不应流入露天采场。具体处理原则为：

　　(1) 为防止坡面降水径流流入露天采场，通常借助于设在露天境界外山坡上的外部截水沟和设在采场封闭圈之上各水平的内部截水沟，将地表径流引出矿区之外；截水沟的安全深度，应根据设计水深确定，且不应小于 0.3m。

　　(2) 当地表水体直接位于矿体上部或穿越露天采场，或者虽然在露天境界以外，但有泛滥溃入露天采场的威胁时，一般采用水体迁移、河流改道或设置堤防等措施。

　　(3) 露天采场横断小型地表水流，如小河、小溪或冲沟等季节性河流时，若地形条件不利于河流改道或者经济上不合理时，可在上游利用地形修筑小型水库截流调洪，以排水平硐或排水渠道进行泄洪。

　　(4) 当露天采场在地表水体的最高历史洪水位或采用频率的最高洪水位以下时，一般采用修筑防洪堤坝的方法，预防洪水泛滥；防洪堤顶标高应高于设计防洪标准水位 0.5m 以上。防洪截水沟应设置在防洪部位靠山坡一侧，防洪截水沟与防洪部位边界距离不宜小于 5m，防洪截水沟的截面尺寸应按设计洪水流量及防洪纵坡等条件确定。

　　(5) 防洪设计标准应根据矿山生产规模、服务年限等确定，大型矿山防洪设计服务年限应按 50 年设计，中、小型矿山防洪设计服务年限应按 20 年设计。

　　(6) 由于地形低洼或在设有堤防情况下的内涝水，应分析内涝水或洼地积水对露天矿的边坡稳定或矿区疏干效果的影响程度而定。当影响较大时，应首先采用拦截方法以减少内涝水量，并用排水设备按影响程度限期排除积水，待洼地积水排干后，也可将其填平。

　　(7) 若露天采场及其附近的地表水体处赋存强透水岩层，在开采过程中有可能发生地表水大量渗入矿坑，对采掘作业或露天边坡稳定性有严重不良影响时，可对地表水体采取防渗隔离或移设等措施。

8.2.1.1 河流改道

对于严重威胁采矿安全的河流，常采用河道整直、河流改道和修筑防洪堤等措施。

河流改道，多为汇水面积小的河溪沟谷等季节性河流。当露天矿开发区有大、中型河流需要改道，则是一项比较复杂的工作，不仅工程量浩大，而且技术复杂，需要专题研究解决。在确定露天开采境界时，是否将河流圈入境界，要进行全面的技术经济分析；如必须进行河流改道，开采设计中也应尽量考虑分期开采的可能性，将河流划归到后期开采境界里去，以便推迟改道工程，不影响矿山的提前建成和投产。

河流改道一定要考虑到矿山的发展远景，注意新河道的工程地质条件，避免因矿山扩建或疏干排水可能引起的河道塌陷和二次改道。移设后的河流应在地形条件允许的情况下，尽量远离露天开采境界，以免水流渗入采场。

在满足采矿工程对防洪要求的前提下，依据勘测资料，结合地形条件，改设河道的位置选择原则为：

（1）使新河道线路最短。

（2）避免走斜坡，尽可能穿越低洼地。

（3）尽可能避开不稳定土层或渗失严重和有可能在疏干排水后发生塌陷的地层，避免河床二次改道。

（4）新河道的起点最好选择在河床不易冲刷的岩层和稳定的地段，多余落差通常放在入口处。改河起点顺应河势，不要强迫水流流向新河道；改河终点应止于河道稳定的地段，且新河道与原河道相接的交角不宜过大，否则易造成下游河道不稳。

（5）新河道的断面多用梯形或复式沟槽。对需要改变流水断面的河道，则应设渐变段。为使水流性质不发生显著的变化，渐变段的长度应不小于两沟底宽差的5倍。

（6）新河道通过地质条件差的地段，应采取必要的加固防治措施。

8.2.1.2 水库拦洪

水库拦洪是将被露天采场横断的河沟溪流在其上游用堤坝拦截形成调洪水库，削减洪峰，以排洪平硐或排洪渠道泄洪，保证采场安全。

露天矿的拦洪水库不同于水利部门的蓄水水库，除了在暴雨时为削减洪峰流量、暂时蓄存排洪工程一时排不掉的洪水外，平时并不要求水库存水。

调洪水库主体工程是拦洪坝和泄洪工程。

拦洪坝坝址应选择在能最大限度阻截地表水流入采场的地段，而且应保证坝的长度最短，工程地质条件稳定，坝基处理简单，两岸山坡无滑坡。坝型应选择施工简单、造价低、维护管理方便的形式，常用土坝，尽可能利用排弃土筑坝。

坝体高度应该高于最高洪水位时波浪0.5m，如图 8-1 所示。坝顶宽度，当有交通要求时，可按行车需要确定。无行车要求时，若坝高小于 10m，坝顶宽度一般不小于 2m；若坝高为 10~20m 时，坝顶宽度不小于 3m。

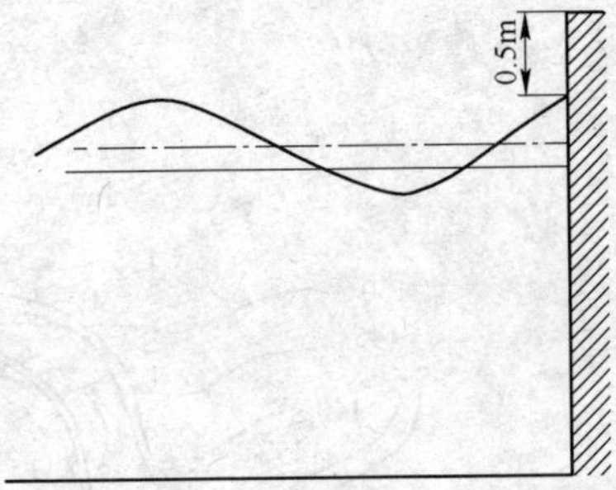

矿山防洪水库的泄洪工程多采用排洪隧硐，也可用排洪渠道。泄洪工程主要用来配合调洪水库的排水导流，以放空水库。

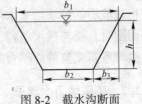

图 8-1　拦洪坝高度

排洪隧硐的硐线位置应根据地形和地质条件来选定。一般硐线应尽可能与地形等高线正交，以免承受偏压。进出口最好选择在地形较陡的部位，便于施工。

隧硐的衬砌取决于隧硐穿过地层的工程地质条件和隧硐的工作条件。当岩石坚硬稳定，裂隙少，而水头和流量较小时，可以不做衬砌；当岩层不够稳定时，或为了封闭岩石裂隙，防止隧硐渗漏，免除水流、泥沙、温度变化等对岩石的冲蚀、风化等破坏作用，需要采用混凝土、钢筋混凝土、浆砌块石（或料石）进行衬砌。

8.2.1.3　截水沟

截水沟用来截断流向采场的地表径流并将其疏引至开采区以外。

山坡露天采场常在边坡平台上布置截水沟，将水导出采场，可以减小水对生产和边坡稳定的影响，构成自流排水系统。

一般在采场封闭圈以上用截水沟自流排水，封闭圈以下也可以辅助采用井巷构成自流排水，工作面汇水经进水巷、天井、斜井、排水平硐自流出采场。

自流排水是一种既经济又简单的防排水方法。凡有条件的露天矿应尽量采用这一排水方式。

截水沟断面多为梯形，如图 8-2 所示。露天矿截水沟的布置如图 8-3 所示。

图 8-2　截水沟断面

A　外部截水沟

对于地形平缓、汇水面积不很大的深凹露天矿，通常采用一层外部截水沟来截获全部径流。截水沟距露天采场的距离根据防渗透、滑坡等因素确定，最小不宜小于 15m。

一般情况下，外部截水沟的纵坡设计应尽可能做到：

（1）截水沟应顺应地形地势，使实际挖深约等于沟需要的深度，避免过深的挖方或较高的坝堤。当山坡覆盖层不够稳定时，则应考虑将水沟底部布置在较稳定的地层内。

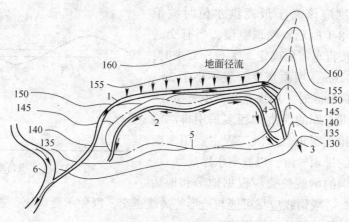

图 8-3　露天矿截水沟的布置

1—外部截水沟；2—内部截水沟，3—雨季山洪；4—拦洪堤；5—开采境界；6—河流

（2）沟的纵坡坡段宜设计为自上游至下游逐渐增加陡度，但相邻地段的坡度差不宜太大，使流速自上游至出口逐渐缓慢增加，从而使水流能迅速地排出，不致发生淤积，纵坡应不缓于 2‰；沟的纵坡应使沟中设计流速不大于所在地层的不冲刷流速和沟槽的临界底坡。

（3）水沟引入天然沟谷处，应使沟底标高略高于天然沟谷底部的标高。

B　内部截水沟

金属露天矿多数始于山坡露天，其后逐步转入深凹露天，为使机械排水工作量尽可能最小，常在地表径流能自流排出的采场内台阶上建沟。当最大截流水平尚未推进到永久沟位而不能如期建沟时，可分期分批地设置多层沟或临时沟。为防止边坡坍塌掉块堵塞水沟，截水沟所在平台要留有足够宽度。在设计露天终了平面图时，要与截水条件结合起来，预留好水沟所在平台的宽度，避免在布置截水沟时重新调整最终平台的宽度。

8.2.2　矿床地下水疏干

矿床疏干是借助巷道、疏水钻孔、明沟等流水构筑物，人工降低开采地区的地下水位，保证露天开采正常生产的地下水害预防措施。

8.2.2.1　矿床疏干使用条件

根据经验，露天矿有可能出现下列情况时，应考虑采取疏干措施：

（1）矿体或其上、下盘赋存含水丰富的含水层或流沙层，一经开采有涌水淹没和流沙溃入作业区的危险时。

（2）由于地下水的作用，降低了被揭露的岩石物理力学强度指标，较大地影响露天边坡稳定性时。

（3）矿坑涌出的地下水，对矿山生产工艺的设备效率有严重的不良影响，如果进行疏干，可以大幅度提高设备效率、降低开采成本时。

8.2.2.2 疏干方法

矿床疏干之前，应基本查清含水层的类型、空间分布、排泄与补给，以及水文地质计算参数等矿区水文地质条件。矿床疏干代价昂贵，选择疏干方法时，必须兼顾疏干效果和经济效益。疏干方法有以下三类。

A 地表疏干

地表疏干是在地面布置成排的抽水井，内装潜水泵或深井泵抽水，图 8-4 为某露天矿深井降水孔的布置图。疏干井位、井距和井数要根据井的集水能力、设备性能、允许残余水头和季节性水位变化等因素确定。

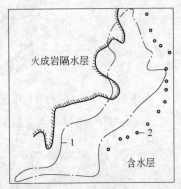

图 8-4 某露天矿深井降水孔的布置
1—开采境界；2—深井降水钻孔

该法施工简便安全，井内装有过滤器，水质好，地表沉陷小。地表疏干目前已实现了水位遥测和多井集中遥控；其缺点是在非均质含水层中经常出现集水能力不足、酸性水腐蚀管道的情况，使水泵不能发挥作用，甚至使抽水井报废。

B 地下疏干

地下疏干是在隔水层或弱含水层中的安全地带，布置疏干巷道和疏干硐室，向强含水层或断裂带、溶洞群、地下河、采空区积水等处钻孔，放出地下水的一种疏干方法。

疏干硐室的间距和每个硐室的钻孔数，根据钻孔出水量和硐室间的允许残余水头等条件确定。放水孔均装有特殊加固的孔口管和阀门，以便控制放水量。所放出的地下水，经过地下水仓和排水排泥设施，直接排到地表。

该法疏干能力大，能形成较陡的水位降落漏斗，适应性强，疏干效果可靠；在有条件的矿山，还可利用井巷疏干，投资省，建设快，排水集中，维修管理方便。其缺点是：在基建施工中如安全措施不力，有可能发生突然涌水；井下水若无沉淀、排泥和分排清浊水设施，可能引起环境污染；岩溶地区的地表沉陷较大。

联合疏干即上部用地表疏干，下部用地下疏干。当含水层深度大、分布广，透水性上强下弱，疏干前不具备安全下掘井巷的条件时，宜用联合疏干，如图 8-5 所示。

在疏干所引起的地下水位下降范围内，经常出现井泉干涸、地表沉陷、建筑和构筑物破坏，浑浊的地下水淤塞河道和污染水源，甚至破坏地表植被和生态平

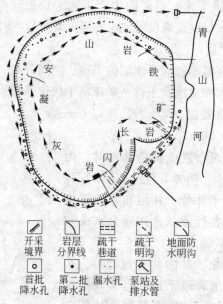

图 8-5　某露天矿联合疏干的平面布置

衡。但只要疏干合理，处置得当，又充分利用了地下水，就能减轻或改善对环境的影响。

8.2.2.3　防渗堵水

防渗堵水方法是使用钻孔注浆防渗帷幕（如图 8-6 所示）和用特殊机具开挖深槽浇筑防渗墙来堵塞涌水通道，防治地下水害的方法。

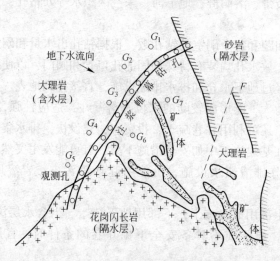

图 8-6　某防渗帷幕钻孔平面图

采用防渗堵水工程防治地下水具有显著的优越性：可以节省大量电能和排水

费用，在岩溶发育的矿区还可以避免因矿床疏干排水而引起大面积塌陷，保护农田和地面建筑以及地下水资源不受破坏。

A 使用条件

在下列情况下，考虑采用防渗堵水工程：

(1) 矿体围岩含水丰富，地下径流通畅，漏水量大；而且地下水补给来源充沛，采用疏干排水不能满足露天开采技术要求或经济上不合理时；

(2) 矿区内赋存有流沙层，地下水涌水量虽然不是很大，但当疏干排水不能彻底截断地下水源，不能满足露天边坡稳定和开采技术要求时；

(3) 矿坑疏干排水会产生大面积地面沉降、开裂或塌陷，造成大片农田和建筑物破坏的矿区，或使地下水资源遭到强烈破坏，使地下水水质受到严重污染引起供、排矛盾而不好解决的矿山。

B 使用方法

防渗堵水工程一般有注浆帷幕和防渗墙。

防渗墙只适用于松散地层中防渗堵水，且深度有限；注浆帷幕既可用于松散层中透水性强的含水层堵水，也可用于基岩裂隙、岩溶含水层的防渗堵水，深度可浅可深。

当然，对于矿山这种大范围进行防渗堵水，必须慎重。尤其是水文地质条件复杂且未完全查清的矿山，不能盲目采用。对于矿区水文地质条件已查清，且具有良好水文地质边界条件（地下水流入矿坑的进水口较窄），工程量和投资相对较小的矿山，可考虑采用；而对于工程量和投资巨大的地下防渗工程，尚需慎重研究。

a 注浆帷幕

注浆技术是通过钻孔注入水泥、黏土或化学材料等具有充填、联结性能的防渗材料配制成的浆液，用压送设备将其注入地下水主要通道地层的孔隙、裂隙或溶洞中，浆液经扩散、凝结硬化或胶凝固化形成防渗帷幕，以堵截流向采场的地下水流，达到防止地下水害、保护露天边坡稳定和开采工程顺利进行的目的。

b 防渗墙

防渗墙是在地面上沿防渗线或其他工程的开挖线，开挖一道狭窄的深槽，槽内用泥浆护壁。当单元槽开挖完毕后，可在泥浆下浇筑混凝土或其他防渗材料，筑成一道连续墙，起截水防渗、挡土或承重之用。这种造墙方式能适应于各种复杂的施工条件，具有施工进度快、造价低、效果比较显著的优点，在矿山防水工程中得到应用。

矿山防渗墙的适用条件与注浆帷幕基本相同，但主要用于第四纪松散含水层，而且含水层距地表较浅且有稳定的隔水底板。

8.3 采场排水

未经疏干或矿坑水没有得到彻底疏干或防渗堵水未能彻底拦截而流入矿坑的地下水，以及直接降入露天采场的降雨径流，这部分的矿山涌水必须在坑内布置排水设施排出。

8.3.1 涌水量的预测

正确预测矿坑涌水量是矿区水文地质工作的核心任务，也是制订排水措施和确定排水设备数量的主要依据。

露天采场涌水量由地下水涌水量和降雨径流量两部分组成。其预测方法分述如下。

8.3.1.1 地下水涌水量预测

地下水涌水量预测主要有比较法、数理统计法、解析法以及物理模拟法等，解析法和水文地质比较法应用比较普遍。

解析法是建立在地下水动力学理论基础之上的计算方法。把采矿工程视为集水构筑物，根据含水层的埋藏条件、水力性质、边界条件以及地下水的流场状态等因素，选择不同公式进行计算。

水文地质比较法是根据与设计工程地质、水文地质条件相似的生产矿山资料，找出某种或几种因素同涌水量之间随开采空间发展而变化的规律，建立相应的关系式，预测设计工程的涌水量。这是一种比较简单的近似计算方法，只要因素关系建立得合乎客观实际，还是一种比较实用的方法。

8.3.1.2 降雨径流量的计算

由降雨引起的露天矿坑内汇集的水量即降雨径流量，它与降雨强度、时间、地表径流系数、汇水面积等因素密切相关。

当降雨量变化很大，计算降雨径流量时，要掌握一定数量的降雨资料，并用数理统计的方法分别计算出正常降雨径流量和设计暴雨频率的暴雨径流量。

    A   正常降雨径流量

正常降雨径流量是按历年雨季的平均降雨量计算的，即：

$$Q = FH\varphi \tag{8-1}$$

式中 Q——正常降雨径流量，$m^3/$日；

         F——采场汇水面积，m^2；

         H——统计年份中的历年雨季日平均降雨量，$m/$日；

         φ——正常降雨的地表径流系数。

正常降雨量 H，应为 10 年或以上的多年雨季月平均降雨量。

B　设计暴雨频率的暴雨径流量

设计暴雨频率的暴雨径流量 Q_P 是按一定的暴雨频率计算出来的最大降雨径流量。

暴雨指历时短、雨量大的降雨，暴雨频率是指等于或超过某一指定暴雨量的发生机会，用百分数表示。

设计暴雨频率的暴雨径流量为：

$$Q_P = FH_P\varphi \tag{8-2}$$

式中　Q_P——设计频率的暴雨径流量，$m^3/日$；

　　　H_P——统计年份中，设计暴雨频率的日暴雨量，$m/日$；

　　　φ——暴雨地表径流系数。

降雨径流量应按正常降雨径流量和暴雨降雨径流量，采用径流系数法计算确定；各类岩土的径流系数应以实测值为准，当缺乏实测值时，可按表8-1选取。

表 8-1　各类岩土径流系数表

序　号	岩土类别	径流系数
1	黏土	0.7
2	粉土，粉质黏土，腐殖土	0.5~0.6
3	黄土，大孔性黄土	0.5~0.6
4	粉砂	0.2~0.5
5	细砂，中砂	0~0.4
6	粗砂，砾石	0~0.2
7	砂岩，泥岩，石灰岩，大理岩	0.6~0.7

采矿场的径流量，应采用长历时暴雨量。截水沟（或排水沟）径流量，应采用短历时暴雨量。露天采矿场底部应设置不小于0.5%的散水坡。

8.3.2　露天矿排水与贮水的平衡

降雨径流量的波动与排水设备的相对固定，是露天矿排水的基本矛盾，两者间的差额就需用贮水池来平衡。贮、排平衡是露天矿排水工作所应遵守的重要原则。贮水池应设在露天采场端帮或非工作帮等与采矿作业无干扰的地方。对于地下井巷排水，贮水池由地下水仓和巷道代替。

贮水池的合理容量取决于设计暴雨频率和水泵排除积水所需的时间。如图8-7所示，贮水池的合理容量可用图解法确定。图中径流量（降雨经流量与地下水渗入量之和）累积曲线与水泵排水累积曲线的交点（如 A、B、C 点）所对应的时间（如10、20、30天），就是用水泵将全部径流量排除的时间；两曲线间在纵坐标上的差值，就是在不同时间内径流量超过排水量的部分。如果要保证露天坑底不受淹，则贮水池的容量应等于两曲线间纵坐标上的最大差值。

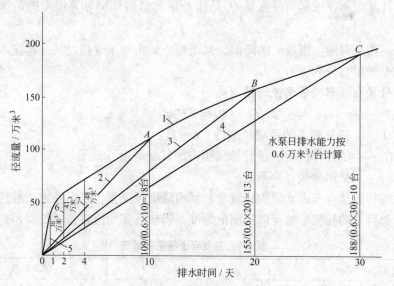

图 8-7　某露天矿径流量与水泵排水特性曲线

1—径流量累积曲线；2~4—水泵排水累积曲线，5~7—所需贮水容积

如果降低排水设计标准，则贮水池与排水设备的容量和造价也必然降低。但这将增加径流量超过贮排总容量的机会，即增加了露天采场受淹的次数和淹没量。

在确定贮水池容积时，还必须考虑露天采场的允许淹没程度。允许淹没程度是露天矿排水设计的一项重要参数，用允许淹没时间和允许淹没高度表示。当暴雨出现时，允许露天坑底贮水，短时间淹没最低工作水平。其排除期限也就是允许淹没时间，可根据淹没后对延深工程、正常采矿以及受淹后的损失等的影响程度而定，一般为 1~7 天。

允许淹没高度应保证受淹后仍使排水工作能继续进行。当采用露天固定式或半固定式水泵排水时，其允许淹没高度不应超过水泵的吸水高度；而对于移动式水泵、潜水泵、水泵船和地下固定式水泵，则不受淹没高度条件的限制。

按图 8-7 所示径流量超过排水量的最大水量，应由贮水池和露天坑底允许受淹的贮水容积共同承担贮调作用。允许淹没高度为：

$$H = Q/F \leqslant H_x \tag{8-3}$$

式中　H——允许淹没高度，m；

　　　Q——贮、排不能平衡的多余水量，m^3／日；

　　　F——排水工程和设备所能控制到的坑底汇水面积，m^2；

　　　H_x——水泵吸水高度，m。

8.3.3 采场排水方法

8.3.3.1 自流排水

露天矿封闭圈以上，一般应尽量采用截水沟自流排水方式；必要时，可开凿输水平硐以形成自流排水系统。

自流排水有截水沟自流排水、截水沟自流-泵站上排排水两种方法。自流排水可减轻水对采场的影响，降低经营费。

A 截水沟排水

山坡露天矿山应采用截水沟自流排水方式。

场区内应设置雨水排水系统，宜采用明沟排水方式。明沟宜采用矩形截面，截面排水面积应根据当地暴雨强度和汇水面积确定。排水沟沟底最小净宽不应小于 0.4m，排水沟起点最小深度不应小于 0.3m；沟底纵坡宜为 0.5%~2%，最小纵坡不应小于 0.3%。

B 截水沟自流-泵站上排排水

当采场的山坡部分具有一定汇水面积时，封闭圈以上应设截水沟将水导出采场，封闭圈以下汇水用泵站上排。

C 截水沟设计原则

(1) 根据采掘工程发展，确定截水沟布置方案，分期分批建设。

(2) 水沟弯段转角一般小于 60°。弯段半径大于水面宽的 5 倍。计算弯段外侧超高，必要时沟底设横向超高。

(3) 水沟纵坡段不宜过多，坡段间坡度差不宜过大。纵坡由水力计算和允许的不冲不淤流速确定。

(4) 水沟引水到下个平台时，可用跌水或陡坡方式，但应避开转弯处。陡坡消能可用人工加糙的方式，或在陡坡下游采用底流式消能方式。

(5) 采用沟宽不同的横断面时，断面变化段长度一般大于一侧变化宽度的 4 倍，并以缓变方式平顺连接。

(6) 水沟流水充满度约为 75%，其值与流量、流速成反比。

(7) 对高速水流，应根据气蚀和掺气要求设计。

(8) 水沟设计应避免因渗漏可能引起的边坡滑坡。

(9) 一般石质水沟断面采用矩形，土质水沟采用梯形。当流速过大时，可采用砂浆片石或砂浆卵石加固，加固厚度不小于 200mm。

8.3.3.2 机力强排排水

机力强排排水有露天和井巷两类方式。

露天和井巷排水方式的选择取舍，不仅要对比其直接投资和排水经营费，还必须考虑不同排水方式对采矿各工艺过程（如穿孔、爆破、装载，运输、排土、边坡管理等）的影响，以及相应地对投资和经营费的影响。对于水文地质条件复杂和水量大的露天矿，比较两种排水方式时更应考虑上述影响因素。

一般水文地质条件简单和水量小的露天矿，宜采用露天泵排方式。特定情况下，如在多雨地区矿岩含黄泥多，为减少水对采装运等工艺的严重影响，可采用井巷机力强排方式。

A　露天机力强排

a　坑底集中排水方式

凹陷露天矿采矿场底部集中排水可采用半固定式泵站或移动式泵站。采场坑底的移动泵站，随采场工作面的推进（或下降）而移动（或下降）。泵站可设在地坪上，也可设在泵船上（如茂名油页岩矿），或设在边坡斜坡卷扬道上。采用潜水泵，则可免遭淹没。

该排水系统适用于水量小、采场浅和新水平准备时间充裕的采场。

坑底集中排水是在露天采场底部设水仓和水泵，使进入到采场的水流全部汇集到坑底贮水池，再由水泵经排水管道排至地表，如图 8-8 所示。

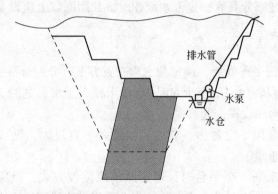

图 8-8　露天采场底部集中排水系统

水仓随着露天矿新水平的延深而下降，新水平的水仓一经形成，上部原有水仓便可废弃。因此，在整个生产期间，水仓和水泵是不断向下移动的。

水仓、排水设备和水泵房的总称为泵站。逐水平向下移动的泵站叫作移动式泵站，隔几个水平向下移动一次的叫半固定式泵站。

坑底集中排水方式只适用于汇水面积和水量都比较小的中小型矿山，或开采深度小、下降速度慢、水对边坡稳定影响小的少水大型矿山。

坑底集中排水系统泵站结构简单，投资少；但采场底部作业条件差，影响掘沟速度，排水经营费高。半固定式泵站受淹没高度的限制，移动式泵站不受采场淹没高度的限制。

贮水沟（池）设计要求为：

（1）起调洪作用时，其容积由贮排平衡确定；

（2）尽量不因设沟（池）而引起采场扩帮；尽量利用宽平台设贮水池；

（3）仅为泵站集水或倒段泵站用的贮水池，其容量由水泵能力确定，一般为 0.5h 水泵排水量。

b 分段截流与坑底泵站联合排水方式

当有分段截流条件时，宜采用分段截流排水方式。这种接力排水系统适用于水量较大、采场较深的露天矿，如大孤山铁矿。

对降雨量大的地区的大中型露天矿山，当受雨面积较大，或者第四系孔隙含水层发育，地下水涌水量大时，可采用分段截流排水系统。此系统由平台固定泵站与坑底泵站或井下泵站联合组成，如图 8-9 所示。

汇水面积较大或露天开采到较大的深度时，在露天边坡较缓的非工作帮一定标高的水平建立几个独立的固定泵站，通过开拓运输坑线的边沟或引水沟，将水流引导到固定泵站，分段拦截并排出涌水。各固定泵站可将水直接排至地表，也可采用接力的方式，通过上水平的

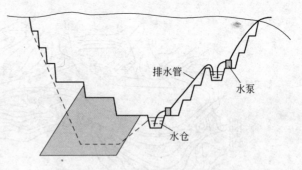

图 8-9 露天矿分段截流排水系统

泵站将水排到地表，可避免水流淌至坑底，减少坑底贮水量，减少电力消耗。

边沟固定泵站也可作为坑底泵站的接力泵站，从而使坑底泵站轻型化，便于搬迁。

该联合排水系统适用于汇水面积和水量稍大，或者开采深度大、矿山工程下降速度较快的矿山。优点是采场底部积水少，掘沟和扩帮作业条件比较好；缺点是基建工程量大，最低工作水平还需设临时泵站排水，泵站多，管理不集中。

B 井巷机力强排

地下井巷排水的布置形式很多，可以采取垂直式的泄水井或放水钻孔将采场里的水泄到集水巷道里（如图 8-10 所示），也可在边坡上开凿水平泄水巷道泄水。

垂直泄水在我国应用较少。设在采场内的泄水井易与采矿作业有不同程度的干扰，有的可能还需降段，管理上较为复杂。采用泄水钻孔必须有严格的维护与防堵措施，而且泄水钻孔不宜太深。当排水设计能与矿床疏干统筹考虑，使泄水钻孔与疏干降水孔能综合利用时，则采用钻孔泄水会比井巷泄水更经济。

我国金属露天矿采用水平泄水巷道排水的比较多。如图 8-11 所示，泄水平巷设在边坡上的平台下面，一般比平台标高下卧 0.5m 并与排水沟相通。采场里的水由排水沟流入泄水平巷，再经泄水天井和泄水斜井汇集到集水平巷的水仓里，

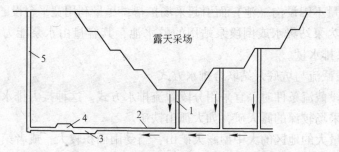

图 8-10　垂直泄水的地下井巷排水系统
1—泄水井（或钻孔）；2—集水巷道；3—水仓；4—水泵房；5—竖井

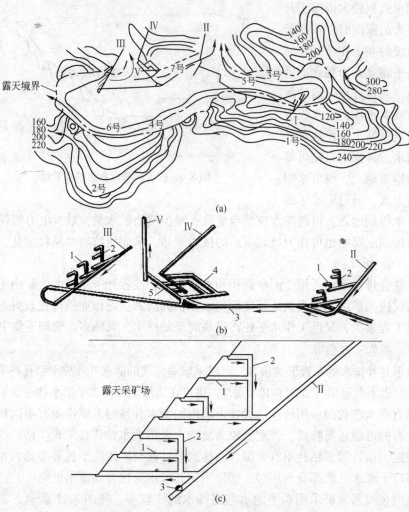

图 8-11　某矿水平泄水的地下井巷排水系统
1 号~7 号—截水沟；Ⅰ~Ⅲ—泄水斜井；Ⅳ—通风斜井；Ⅴ—竖井；
1—泄水平巷；2—泄水天井；3—集水平巷；4—水仓；5—水泵房

最后由水泵经管道从竖井排到地表。竖井设在开采境界以外，为保证安全，还应设有通风安全井。

应该注意的是，尽管地下井巷排水与巷道疏干在工程布置上可能有许多相似之处，但其主要作用是有区别的。排水巷道是用于引水、贮水和安置排水设备的井巷；疏干巷道是专门用于疏水、降低地下水位或拦截地下径流的井巷。地下排水巷道也具有一定程度的疏干作用，而疏干巷道也会兼有引水作用。因此，排水与疏干巷道的区别只能根据它们的主要目的和作用来分辨。

矿山排水系统与矿床疏干工程应统筹考虑，要尽量做到互相兼顾、合理安排。

地下井巷排水多应用在涌水量较大的露天矿，特别是当地下有开采巷道或疏干巷道可供利用时，更适合采用。当矿体深部采用地下开采时，露天矿山的排水井巷还可起深部勘探的作用。

地下井巷排水能保证采场经常处于无水状态，作业条件好，设备效率高；但井巷工程量大，投资多，基建时间长。

9 排土场设计

9.1 设计任务与内容

9.1.1 设计任务

排土场是指矿山剥离和掘进排弃物集中排放的场所。排弃物一般包括腐殖表土、风化岩土、坚硬岩石以及混合岩土，有时也包括可能回收的表外矿、贫矿等。

排土场是露天矿中占地面积最大的场地，也是对矿区周围的沟谷、河道、村庄、农田等影响最严重的设施，同时又对露天矿本身的开采有着极为密切的关系。主要应了解和掌握以下内容：

（1）了解排土场选址原则；

（2）掌握排土场需要的有效容积计算；

（3）掌握排土场设计方法；

（4）了解排土场复垦相关知识。

9.1.2 设计内容

根据设计的具体内容，本章的标题为"排土场设计"，可分为3个小节：

（1）排土场需要的有效容积计算；

（2）排土场设计：圈定排土场范围，确定排土工艺及其工作参数；

（3）排土场复垦。

9.2 排土场选址原则

排土场选址应遵循以下原则：

（1）排土场场址的选择应与矿山设计同步进行，具备内部排弃条件时宜优先选择内部排土场。内部排土场不得影响矿山正常开采和边坡稳定。排土场坡脚与矿体开采点和其他构筑物之间应有一定的安全距离，必要时应建设滚石或泥石流拦挡设施。

（2）排土场应在矿山开采境界以外就近设置，缩短岩土运距。对于范围广、高差大的矿山，可分设多个排土场。排土场宜一次规划，分期实施。

（3）在矿区选择排土场，可能与矿床的分布以及矿山的远期开采规划等发生矛盾，应考虑避免造成压矿或影响远期开采。

（4）排土场不得设在工程地质条件、水文地质条件不良的地带，若因地基不良而影响安全，应采取有效防护措施。

（5）应利用沟谷、荒地、劣地，不应占用良田、耕地和经济山林，应避免动迁村庄。

（6）排土场应尽量避免布置在易被山洪或河水冲刷的沟溪（河）边，以防止滑坡堵塞河道及形成泥石流。在岩性松软和工程地质条件不良的地区，应注意排土场基底的稳定性。应避免排土场成为矿山泥石流、山体滑坡等重大危险源。

（7）排土场是矿区的主要污染源之一。粉尘扩散，会自然发火，污染大气；含有硫的岩土经过风化、雨水淋溶，会产生对农作物、渔、畜的生长有害的酸性水。因此，应尽可能把排土场选择在厂区和居住区最大风频的下风侧，对可能排出酸性水的排土场，应采取有效防治措施，以免对周围农田、水体产生污染，影响生态平衡。

（8）排土场场址的选择，应保证排弃土岩时不致因大块滚石、滑坡、塌方等威胁采矿场、工业场地（厂区）、居民点、铁路、道路、输电网线和通信干线、耕种区、水域、隧道涵洞、旅游景区及永久性建筑等的安全。

（9）排土场根据所采用的运输方式和排土方式，选择对修筑初始排土线路和布置设备等有利的地形，以尽量减少其基建工程量，并能获得较大的排土容量。

（10）排土场的容积应能满足矿山剥离岩土的需要。当场地狭小、不能满足要求，而矿山开采年限又较长时，设计应全盘考虑，可按矿山采掘计划分期征地，确保前期排土场足够的容积，并为后期排土留有发展余地。在有条件的地方，应尽量考虑排土场土地的恢复与再利用。

9.3　排土场需要的有效容积

设计排土场时，排土场总容积应与露天矿设计的总剥离量相适应，排土场的接受能力应保证露天矿采掘计划的要求。按剥离量所需的排土场有效容量为：

$$V_Y = V_{SH} K_S / K_X \tag{9-1}$$

式中　V_Y——排土场的有效容量，m^3；

　　　V_{SH}——剥离岩土的实方数，m^3；

　　　K_S——岩土的松散系数；

　　　K_X——岩土的下沉系数。

9.4　排土场设计要素

9.4.1　排土场设计应注意的问题

（1）排土场的设计应符合矿山建设的总图规划，并应做到安全可靠、保护环境、布置合理。

（2）排土场的排土工艺、排土顺序、排土场的阶段高度、总堆置高度、工作平台宽度、总边坡角、废石滚落时可能的最大距离及相邻阶段同时作业的超前堆置距离等参数，均应满足安全生产的要求，并在设计中明确标出。

（3）对有可能利用的有用矿物或岩石，应考虑回收利用时有装运条件，即考虑综合利用因素。

（4）依山而建的排土场，坡度大于1:5，且山坡有植被或第四系软弱层时，排土场最终境界100m内的植被或第四系软弱层应全部清除，削成阶梯状，增强基底摩擦力，提高排土场稳定性。

（5）对腐殖表土和风化岩土，应单独设计、集中堆放。

（6）山坡排土场周围，应修筑截洪沟和排水设施，拦截山坡汇水。截洪沟应沿排土场山坡一侧边界外5~10m处设置。

（7）排土场最终境界坡脚线20m以内的排砌体，应采用大块岩石排砌。

9.4.2　排土场工作平台最小宽度计算

排土场工作平台最小宽度，应根据剥离物的物理力学性质、上一台阶的高度、大块石滚动距离、运排设备的工作宽度、平台上最外运输线至眉线间的安全距离等因素确定，并应满足上下两相邻台阶互不影响的要求。

汽车运输、装载机排弃工艺的运输平台宽度（图9-1），可按下式计算：

$$A = 1.5 + 2(R + L) + C \tag{9-2}$$

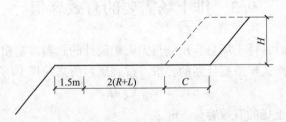

图9-1　运输平台宽度示意图

H—上下两平台间的高差

式中 A——运输工作平台宽度，m；

    R——汽车转弯半径，m；

    L——汽车宽度，m；

    C——超前堆置宽度，m。

排土场工作平台宽度可按表 9-1 确定。多台阶排土场，各台阶的最终平台宽度不应小于 5m。

表 9-1   工作平台宽度   （m）

运排方式	段 高		
	15	15~25	30~40
汽车，推土机	40~55	45~60	50~65

9.4.3   主要排土工艺及其工作参数

排土工艺应根据岩土排弃种类、排弃量确定，宜采用汽车运输、装载机、推土机排土工艺。排土场平台应平整，排土工作线应整体均衡推进。

（1）坡顶线应呈直线形或弧形，排土工作面向坡顶线方向应有 2%~5% 的反坡。

（2）排土场阶段高度，依据排土场基础状况、排弃岩种性质、运输方式、车辆种类等而定。一般规定：排土犁排土场排土段高不大于 25m，电铲排土场排土段高不大于 40m。

（3）排土线长度可按下列规定执行：采用排土犁时，有效长度以 600~700m 为宜；采用电铲排土时，有效长度以 500~600m 为宜。

（4）排土线翻车处距枕木外侧坡肩距离为 500mm。

（5）排土线铁路限坡不超过 10%。

9.4.3.1   准轨运输排土犁排土

准轨运输排土犁排土时，外轨超高为：岩石 100mm，沙土 120~150mm，排土犁移道步距 2~2.5m，电铲移道步距 22~24m。

排弃结束，即平整路基时，需在原路基标高提高 160~300mm。

铁路运输、4m³电铲排土，应按照下列尺寸设计：铁路中心线至列车翻土崖边线距离为 1.6~1.7m，翻土崖边线与电铲中心线水平距离为 11m；电铲中心线至电铲卸载崖间距为 12~13m；受料坑上部长度为 20~30m，坑底宽度为 2.5m，深度为 1.5m。

9.4.3.2   汽车运输排土

排土场的阶段高度，依据排土场基础状况、排弃岩种性质而定，一般要求段高不超过 70m。

排土场的初始路堤，应根据调车方法确定其宽度。

排土场上方宜有 3% 的反坡。

汽车直接向边坡翻时，80% 以上的岩土借自重滑移到坡下，用推土机平场并将部分残留量堆成安全挡。特殊困难条件下，可在距坡顶 5m~7m 处卸载，全部岩土由推土机推至坡下。

汽车排土时，排土线长度应保证为汽车最小曲线半径的 4 倍。

9.4.3.3　胶带运输机排土

排土场台阶阶段高度，依据排土场基础状况、排弃岩种性质、排土方法以及稳定性而定。

（1）胶带运输机排土工艺和扩展方式一般分为扇形推进排土、平行推进排土和混排推进。

（2）排土机行走时坡度不超过 1：20，排土机工作坡度为 1：20~1：33。

（3）排土机排土带宽度取决于下排的排土宽度，最大排土带宽度不超过 70m，排土机距崖边的安全距离不小于 20m。

9.5　排土场复垦

排土场和尾矿库占地面积大，治理排土场和尾矿库是矿山环境保护的一项重要内容，最直接的方案还是复垦。

若排土场废石堆土质松软，覆土工程较简单，可直接进行整平和铺敷工作。对于坚硬岩石的排土场，可在排土场上整平压实，或覆盖尾矿，经过疏水、晒干后，再铺敷耕植土。

排土场的复用工程可与排土工艺结合，先将剥离的坚硬岩石堆置于排土场下部，将表土堆置在上部，经整平施肥后即可耕作。有的矿山可先将表土分层堆置于废石堆外围，形成土质护坡，在护坡上植树种草；而排土线则由外向内推进，以期早日形成树林。

矿山企业在排土场生产作业过程中，应制订切实可行的复垦规划，达到最终境界的台阶先行复垦。排土场复垦规划要包括场地的整备、表土的采集与铺垫、覆土厚度、适宜生长植物的选择等。

10 矿山环境、安全与工业卫生

10.1 设计任务与内容

10.1.1 设计任务

本章主要任务是根据毕业设计内容，分析并叙述涉及的环境、安全和工业卫生方面应注意的内容。主要应了解以下内容：

(1) 了解矿山环境保护方面的规定，分析毕业设计中所涉及的安全问题；

(2) 了解矿山安全方面的规定，分析毕业设计中所涉及的安全问题；

(3) 了解矿山工业卫生方面内容。

10.1.2 设计内容

根据设计的具体内容，本章的标题为"矿山环境、安全与工业卫生"，可分为3小节：

(1) 矿山环境保护：根据矿山具体情况，分析主要环境污染源，采取相应的防治措施；

(2) 矿山安全：对矿山生产、管理中存在着的安全隐患进行分析，制定相应的安全措施；

(3) 矿山工业卫生。

10.2 矿山环境保护

矿山环境污染是指矿山开采过程中，多种因素对环境造成的影响和危害。其中主要是矿坑排水、矿石及废石堆所产生的淋滤水、矿山工业和生活废水、矿石粉尘、燃煤排放的烟尘和 SO_2 以及放射性物质的辐射等，其中含大量有害物质，严重危害矿山环境和人体健康。

矿山环境保护原则为：

(1) 矿山开采设计方案应充分研究地质环境状况，根据当地的自然环境和气象条件，因地制宜，并应结合地区矿产资源综合开发规划。

（2）矿山设计应贯彻"边开采、边恢复"的原则。设计中应结合当地实际情况，提出有针对性的环境治理方案。

（3）矿山生产环节的设计中，均应采用有利于噪声控制、粉尘控制、节能降耗的工艺与设备。

（4）矿山生态环境保护方案应因地制宜。对于非自然保护区及风景名胜区内具有保护价值、并可能受到矿山基建、开采过程影响的动、植物，应提出保护措施。

（5）矿山开采设计中应提出土地复垦的规划方案。

（6）矿山设计应落实和保证环境保护投资。

（7）排土场和尾矿库占地面积大，排土场和尾矿库的治理是矿山环境保护的一项重要内容。最直接的方案还是复垦。露天矿建设或生产中破坏的土地，应按《中华人民共和国土地管理法》有关规定，进行及时复垦治理。露天矿的土地复垦标准，应结合环境保护工程的需要，按林地、草地的标准实施，并配足相应的设备和人员。

（8）放射性矿排放的污染物必须达到国家和地方制定的排放标准，并应满足污染物排放总控制指标的要求。

（9）污废水处理及综合利用方案应根据当地水环境功能区划分、污染物排放标准和排放总量的要求，经技术、经济和环境综合论证后确定。

（10）严禁生活垃圾混入排土场排弃。

（11）可将采空区建成水底周围栽种果木鲜花，修建亭台楼阁，建成疗养胜地，或畜牧养鱼，改变环境，造福人民。如果采空区比较靠近城市，则可以与城市的废料处理结合起来。在充分考虑了地表水和地下水影响之后，作为城市的废料坑。待填满了废料之后，在其上铺上足够的土层便可作为绿化区或其他用途。

10.3　矿山安全

10.3.1　矿山安全基本要求

矿山应当有保障安全生产、预防事故和职业危害的安全设施，并符合下列基本要求：

（1）露天矿山的阶段高度、平台宽度和边坡角能满足安全作业和边坡稳定的需要。

（2）有地面和井下的防水、排水系统，有防止地表水泄入井下和露天采场的措施。

（3）溜矿井有防止和处理堵塞的安全措施。

（4）矿山地面消防设施符合国家有关消防的规定，矿井有防灭火设施和器材。

（5）矿山储存爆破材料的场所符合国家有关规定。

（6）排土场、矸石山有防止发生泥石流和其他危害的安全措施；尾矿库有防止溃坝等事故的安全设施。

（7）有防止山体滑坡和因采矿活动引起地表塌陷造成危害的预防措施。

（8）有与外界相通的、符合安全要求的运输设施和通信设施。

（9）关闭矿山报告应包括采掘范围及采空区处理情况，以及对其他不安全因素的处理办法。

10.3.2　火灾预防

火灾预防的基本要求为：

（1）新建、改建和扩建的房屋、仓库、车库、油库等建筑物的消防设施，必须按照国家有关规定（消防法规）执行。

（2）厂房、车间、仓库、油库、车库、车辆及存有易燃易爆物资的库房、场地，根据存放易燃物资的不同性质，要配备相应足够的消防器材等灭火设施。

（3）易燃易爆物资要有专库保管，严禁同其他物资混放在同一库房。

（4）需用明火的生产单位、车间、部位，要严守防火规定和安全操作规程。生火前要严格检查用火部位周围是否有易燃物，如发现有易燃物资，清除后方可点火生产。用火完毕，要立即将火熄灭，同时要认真检查是否有余火隐患，发现问题要立即排除。

（5）一切用电设施统由矿供应设备科管理，任何部门和个人严禁擅自安装、增设和拆卸电器设备。

（6）对职工使用的液化气罐，有关部门要定期进行安全检查，发现有不符合安全规定的，要立即停止使用并交有关部门处理。

（7）冬季取暖设施，在点火前要经安全检查，符合防火要求后方可生火。同时，要明确防火负责人，制定防火制度，落实防火岗位责任，做到生火有人管，人走火灭。

（8）各部位配备的消防器材、设备、工具等，平时不准任何人和任何单位动用。

（9）矿区或各工业场所，应设禁火禁烟标志。

10.3.3　生产安全及预防措施

生产安全及预防措施为：

（1）防止机伤和人员坠落。

1）转动机械处设安全保护罩。

2）在采场内，凡有坠落危险的钻孔，都应设明显的安全警戒标志和照明。

3）公路临近采场处应留设安全挡墙，在岩石不稳定处应设置明显标志。

（2）防滑坡和滚石伤人。为保障露天矿最终边坡稳定及防止边坡坍塌、滑坡，须采取如下措施：

1）在采场周边应设截水沟，防止边坡降雨汇流造成边坡岩石滑落。

2）进行边坡岩移监测，做好滑坡预报。

3）采场内设避炮棚，爆破时设备撤到安全地带，人员进入避炮棚。

4）最终边坡安全平台和清扫平台间隔设置，以防滚石伤人。

（3）防排水：在雨季汛期一定要搞好防洪工作。

（4）运输道路安全：自动汽车翻卸地点须设置安全车档，车档设置要符合安全规程。

10.4　矿山工业卫生

矿山工业卫生的任务为：

（1）防毒防尘。粉尘是矿山生产中主要的职业危害因素之一。为了有效地控制粉尘外逸，减轻粉尘对岗位工人的影响，贯彻以防为主的方针，从工艺流程上尽量减少扬尘环节：

1）钻机选用带有捕尘装置的潜孔钻，钻孔时加强通风、喷水等防尘措施；

2）公路上应经常洒水，以减轻汽车运输时的扬尘；

3）爆破后人员不得立即进入爆区，待粉尘自然消散后方可入场，以减轻粉尘的影响；

4）定期进行工作场所空气中的粉尘浓度检测，保证工作场所空气中的粉尘浓度符合《工作场所有害因素职业接触限值》中的规定；

5）为采场作业人员配备个体防护用品，并定期进行全员健康检查。

（2）防噪声。

1）为了控制噪声污染，设计中尽可能选用低噪声设备；

2）在空压机、钻机等高噪声气动设备上加装消音器；

3）在高噪声场所要求工人配备隔声耳罩等个人防护用品，以减轻噪声对工人的影响。

（3）防振动。为了防止大的振动，矿山爆破采取控制爆破措施，采取多排孔微差挤压爆破，减少对生活区建筑物的影响。

（4）防暑、防湿。

1）夏季炎热天气时，对温度较高工作点的工人供应含盐冷饮，并采取相应措施进行防暑降温。

2）车间等地坪采用地面洒水、自然或机械通风解决防暑问题。

3）操作值班室安装电风扇等进行降温。

11 矿山技术经济

11.1 设计任务与内容

11.1.1 设计任务

矿山技术经济是衡量矿山企业经营效果、生产技术、管理水平的重要依据。在复杂多变的市场经济条件下，矿山企业的生产成本、产品价格和销售状况等都随市场波动而变化，矿山技术经济指标也应随之动态变化，各指标之间又彼此相关、制约，从而构成一个复杂、动态的系统，所以技术经济指标的合理确定关系到矿山的经济效益与社会效益。主要应了解以下内容：

(1) 了解职工定员及劳动生产率计算方法；
(2) 掌握工程总投资的组成和计算方法；
(3) 掌握生产成本计算方法；
(4) 了解技术经济评价内容。

11.1.2 设计内容

根据设计的具体内容，本章的标题为"矿山技术经济"，分为4小节：

(1) 职工定员及劳动生产率计算；
(2) 工程总投资计算；
(3) 生产成本计算；
(4) 技术经济评价。

11.2 劳 动 定 员

企业设计的职工定员，分为直接生产人员、管理及技术人员两类进行编制。

11.2.1 直接生产人员

直接生产人员，包括从事企业生产的采矿、采准、切割、掘进、剥岩（土）、运输、提升、通风、压气、地质测量、破碎、调度等生产工人和企业辅助设施、附属设施的生产工人（如机修、汽修、电修、供水、排水、"三废"治理与综合利用、原材料及燃料供应、化验检验、生产仓库保管等工人），为生产车间和辅助生产车间从事生产活动（包括为企业产品设计、科研、生产调度）的工程技术人员。

11.2.2 管理人员及技术人员

管理及技术人员，包括企业管理人员、服务性人员、技术人员三个部分：

（1）管理人员，指在企业各职能机构从事行政、生产、财经的人员。

（2）服务性人员，指服务于职工生活或间接服务于生产的人员，如勤杂人员（不包括车间勤杂工）、警卫消防、职工食堂、职工住宅管理维修、浴室、托儿所、话务员、采暖锅炉、理发、印刷、生活日用汽车司机、文教卫生人员（指职工医院、疗养院、保健站、广播员、俱乐部和图书馆管理、职工子弟学校、职工教育等）。

（3）技术人员，指从事技术管理、技术维护的人员。

11.2.3 企业设计定员编制格式

（1）编制设计定员表。编制设计定员表按表 11-1 的格式编制。

表 11-1　企业设计定员表

工作单位与工种名称	职称	昼夜出勤人数				
		一班	二班	三班	轮休	合计

（2）在册人员系数。

在册人员系数按下式计算：

$$在册人员系数 = 全年工作天数 / (306 × 出勤率)$$

企业工作制度有连续工作制和间断工作制两种。间断工作制年工作日为 306 天；连续工作日为 365 天。有色金属矿山为 330 天。地下矿和中小型露天矿一般采用间断工作制，大型和特大型露天矿都采用连续工作制。

露天矿山工人出勤率一般为 94%~95%。

以上数据，计算的在册人员系数列于表 11-2。

表 11-2　在册人员系数表

工 作 制 度		地下矿山	露天矿山
连续工作制	365 天	1.28~1.29	1.25~1.27
	330 天	1.16~1.17	1.14~1.15
间断工作制	306 天	1.08~1.09	1.05~1.06

管理人员与技术人员的编制，在企业定员设计中只列出政工人员、行政、工程技术人员的各类总人数，而不列其明细定员表。

11.2.4 劳动生产率

劳动生产率是指劳动者在一定时期内创造的劳动成果与其相适应的劳动消耗量的比值。劳动生产率水平可以用同一劳动在单位时间内生产某种产品的数量来表示，单位时间内生产的产品数量越多，劳动生产率就越高；也可以用生产单位产品所耗费的劳动时间来表示，生产单位产品所需要的劳动时间越少，劳动生产率就越高。

劳动生产率，一般分为生产工人劳动生产率和全员劳动生产率，计算公式如下：

生产工人劳动生产率＝全年原矿量/生产工人数   （单位：t/(人·年)）

全员劳动生产率＝全年原矿量/全员劳动生产率   （单位：t/(人·年)）

11.3   工程总投资估算

矿山工程建设总投资是指为完成一个工程的建设，预期或实际所需的全部费用总和，包括固定资产投资和流动资产投资。

固定资产投资包括工程建设投资、建设期利息和流动资金，流动资产投资即流动资金。

工程建设投资是为完成工程项目建设，在建设期内投入且形成现金流出的全部费用，包括工程费用、工程建设其他费用及预备费。

11.3.1   工程费用

工程费用是指建设期内直接用于工程建造、设备购置及其安装的建设投资，可以分为建筑安装工程费和设备及工器具购置费（工器具及生产家具购置费一般按设备费的 0.5%~1% 计算）。

建筑安装工程费按费用构成要素划分：由人工费、材料（包含工程设备）费、施工机具使用费、企业管理费、利润、规费和税金组成。

设备购置费是指购置或自制的达到固定资产标准的设备、工器具的购置费用。由设备原价和设备运杂费构成，其中设备原价指国内采购设备的出厂价格，或国外采购设备的抵岸价；设备运杂费指除设备原价之外的关于设备采购、运输、途中包装及仓库保管等方面支出费用的总和。

设备购置费＝设备原价+设备运杂费

采矿工程费用按工程内容包括基建剥岩、采场主体设备及辅助设备、矿石破碎胶带系统、采场及排土场公路系统、铁路系统、采场排水系统等相关费用。

11.3.2 工程其他费用

工程其他费用包括土地、青苗等补偿费和安置补助费、建设单位管理费、研究试验费、生产职工培训费、办公和生活家具购置费、联合试运转费、设计费、勘察费、监理费、措施费、环境评价费、安全评价费等。

11.3.3 预备费

预备费包括基本预备费和涨价预备费，通常取工程费与工程其他费之和的8%~12%。

11.3.4 建设期利息

建设期利息估算为了简化计算，通常假定借款均在每年的年中支用（未支用前不发生利息），借款第一年按半年计算，其余各年按全年计算。

11.3.5 流动资金

流动资金是流动资产的表现形式，即企业可以在一年内或者超过一年的一个生产周期内变现或者耗用的资产合计。流动资金指企业全部的流动资产，包括现金、存货（材料、在制品及成品）、应收账款、预付款等项目。以上项目皆属业务经营所必需，可参考表11-3列示。

表11-3　流动资金估算表

序号	项目或费用名称	周转天数	周转次数	计算基数	流动资金需要额/万元
1	流动资产				
1.1	应收账款				
1.2	存货				
	原矿				
	辅助材料				
	燃料动力				
	在产品				
	产成品				
1.3	现金				
2	流动负债				
2.1	应付账款				
3	流动资金				
4	流动资金本年增加额				

11.3.6 工程建设总投资估算

工程建设总投资估算参照表 11-4 汇总计算。

表 11-4 工程建设总投资估算表

编号	项目名称	概算价值/万元				
		建筑工程费	设备及工器具	安装工程费	其他费用	总值
一	工程费					
1	基建剥岩					
2	采场主体及辅助设备					
3	矿石破碎胶带系统					
4	采场及排土场公路系统					
5	采场排水系统					
6	…					
7	…					
8	…					
9	工器具及生产家具购置费					
	小　计					
二	工程其他费					
1	办公及生活家具购置费					
2	建设单位管理费					
3	联合试车费					
4	工程设计费					
5	…					
6	…					
7	…					
	小　计					
	工程费与工程其他费合计					
三	预备费					
	工程静态投资总计					
四	建设期利息					
五	流动资金					
	工程项目总投资					

11.4 矿石成本估算

采矿设计的矿石成本计算范围，是指矿山开采过程及相应的辅助设施工艺过程发生的全部费用。如：独立矿山是从矿山开采计算至成品矿仓止；采选联合企业则从采矿计算至选矿厂的原矿仓止。

计算矿山矿石开采成本时，露天矿以计算年的矿石量和剥离量为准，当露天开采逐年生产采剥比波动大时，则应分别计算逐年的矿石开采成本。

采矿设计的矿石成本计算方法，分为按成本费用项目和按生产工艺过程计算这两种方法。设计与生产矿山都采用成本费用项目计算。对于特大型矿山复杂矿床开采的矿山，有时也按生产工艺过程计算作业成本。

11.4.1 按成本费用项目估算

矿石设计成本按费用项目计算，其格式见表 11-5。

表 11-5 采矿矿石成本计算

序号	成 本 项 目	单位	单价/元	单位用量	金额/元
一	辅助材料				
1	铵油炸药				
2	导爆管雷管				
3	导爆管				
4	中深孔钎头				
5	浅孔钎头				
6	钎尾				
7	连接套				
8	润滑油				
9	坑木				
10	柴油				
11	…				
12	…				
13	…				
二	动力				
1	电耗				
2	煤耗				
3	…				

序号	成本项目	单位	单价/元	单位用量	金额/元
三	职工薪酬				
四	制造费用				
1	维简费				
2	修理费				
3	其他制造费				
4	…				
	其他费				
五	矿产资源税				
六	管理费用				
七	财务费用				
1	矿石完全成本费用				
2	矿石经营成本				

（1）辅助材料费用。辅助材料费用（不包括修理设施耗用的原材料），是指矿山生产过程中（即回采、采准、剥离、充填、生产探矿、运输、提升、破碎、通风、排水等主要生产工艺）消耗的炸药、雷管、导火线、钎子钢、合金钎头、坑木、轮胎、风水管等材料费用。设计中该项目费用计算，是采用当地材料价格乘设计消耗定额而得；也可按国家规定价格（考虑 10%～15% 的运杂费）乘设计消耗定额。

（2）动力及燃料费。工艺过程消耗用燃料及动力费用系指矿山生产中耗用的汽油、柴油、煤及电力、风力等费用（不包括修理设施消耗的燃料和动力），燃料费按设计消耗定额乘单价而得，动力费中的电费按国家现行的两部电价计算。当矿山自备电源时，才单独核算电力成本，然后再计算矿山电力费用。

（3）生产工人工资及附加费。生产工人工资系指从事矿山生产的直接生产工人和辅助生产工人的基本工资（不包括机修、维修和非生产人员的工资）及辅助工资之和。根据矿山当地实际工资标准计取。

（4）维简费。根据财政部，冶金部，中国有色金属总公司规定，矿山开采（包括只有破碎的矿山）按原矿产量提取维简费进入成本。

（5）大修费和维修费。大修费是按概算投资能形成固定资产部分的投资额（扣除机修部分的固定资产及基建剥离费、土地购置费、拆迁费）提取大修费。黑色冶金矿山大修理费率见表 11-6。

表 11-6 黑色冶金矿山大修费率

矿山类别			大修理费率/%	维修费率/%
露天矿	特大型和大型	铁路运输	1.8~2.2	6~8
		汽车运输	2.5~3	6~8
	中型	铁路运输	1.5~2	6~8
		汽车运输	2~3	6~8
	小型矿山		1.5	6~8
地下矿山			1~1.5	3~4

按固定资产的设备和建（构）筑物分别计算的修理费见表 11-7。有色金属矿山设计时，大修理费率：矿山建筑物部分为 1.0%~1.5%，设备部分为 2.0%；维修费见表 11-7。

表 11-7 设备和建（构）筑物维修费用

项目		维修费率/%
建（构）筑物		0.1~0.5
设备	铁路运输的矿山	7.5
	汽车运输的矿山	9.0

对于改扩建矿山，也可参照现有矿山的大修费选取。

（6）管理费，包括车间经费和企业管理费。车间经费及企业管理费系指车间和企业范围内所支付的各项管理费和业务费用。它包括为车间和企业服务的工程技术人员、管理人员、辅助工人和服务性人员的工资（生产工人工资除外）、辅助工资、福利基金、工会经费、劳保费、办公费、旅差费、低值易耗品、运输费、取暖费、用水、用电及其他费用。详细计算过程较复杂，一般新设计矿山常按类似矿山选取，改扩建矿山按实际指标取用。

（7）经营成本。经营成本按下式计算

经营成本=完全成本-维简费-财务费用

（8）资源税。资源税就是国家对国有资源，如我国宪法规定的城市土地、矿产、水流、森林、山岭、草原、荒地、滩涂等，根据国家的需要，对使用某种自然资源的单位和个人，为取得应税资源的使用权而征收的一种税。目前资源税从价征收。

（9）矿石成本，也可按相似矿山采矿成本选取。

11.4.2 按生产工序估算成本

矿山成本按工序项目计算，如表 11-8 所示。

表 11-8　工序成本估算表

序　号	工　序	单位生产成本	作业量	总成本	备注
1	穿孔作业				
2	爆破作业				
3	铲装作业				
4	汽运作业				
5	矿石破碎作业				
6	矿石胶带作业				
7	铁路运输作业				
	生产成本				

11.5　技术经济评价

技术经济评价是利用工程经济学的方法，分析一项投资项目产生的经济效果，对投资项目进行定量分析与评价。

通过工程经济学的方法，确定项目的投资回收期，财务内部收益率及财务净现值，评定投资项目的经营成果及项目的技术合理性、经济合理性。

11.5.1　项目逐年总成本费用估算

一项投资项目，整个运营期可以划分为建设期、投产期、生产期。

建设期，为项目的建设阶段，根据实际确定。建设期没有产出；投产期，为项目建成后的过渡阶段，项目处于磨合期，没有完全达产；生产期，建设项目已经达到稳产，生产趋于稳定，生产成本趋于稳定。

项目逐年总成本费用估算，就是在项目的整个运营期间，通过工程经济学方法，将项目的建设期、投产期及生产期各阶段的生产总成本估算出来，为技术经济评价做基础工作。具体详见表 11-9。

表 11-9　逐年总成本费用估算表　　　　　　　　（万元）

序号	项　目	年　份				
		建设期	投产期	生产期（稳产期）		
		1	…	…	…	…
一	生产规模					
	矿石产量					

续表 11-9

序号	项 目	年 份				
		建设期		投产期	生产期（稳产期）	
		1	…	…	…	…
二	成本费用					
1	辅助原料					
2	铵油炸药					
3	导爆管雷管					
4	导爆管					
5	中深孔钎头					
6	浅孔钎头					
7	钎尾					
8	连接套					
9	润滑油					
10	坑木					
11	柴油					
12	…					
13	…					
14	…					
三	动力					
1	电耗					
2	煤耗					
3	…					
4	职工薪酬					
四	制造费用					
1	维简费					
2	修理费					
3	其他制造费					
4	…					
	其他费					
五	矿产资源税					
六	管理费用					
七	财务费用					
1	矿石完全成本费用					
2	矿石经营成本					

注：根据矿石成本的估算，完成逐年成本费用估算表。

11.5.2　营业收入估算

投资项目，最根本为了获得经济效益。而矿山企业的生产经营，获得矿石出售，最终也是为了企业可以持续经营、持续发展。

根据年产矿石量及矿石售价计算企业经营收入。

11.5.3　营业税金及附加估算

企业生产经营，都要缴纳税金。根据国家及地方要求及相应税率，计算相应税金，详见表 11-10。

表 11-10　营业税金及附加估算表

序号	项　目	年　份				
		建设期	投产期	生产期		
		1	…	…	…	…
	生产负荷/%					
1	营业收入					
2	销项税					
3	经营成本					
4	进项税					
5	固定资产销项税抵扣					
6	应纳增值税					
7	营业税金及附加					

（1）增值税。增值税按下式计算：

$$增值税销项税额 = 销售额 \times 销项税税率$$
$$增值税进项税额 = （材料费 + 燃料动力费）\times 适用进项税率$$
$$应交增值税额 = 销项税额 - 进项税额$$

目前增值税税率为 13%。

（2）营业税金及附加。营业税金及附加包括城市维护建设费及教育费附加。

1）城市维护建设费。城市维护建设税是以纳税人实际缴纳的增值税、消费税的税额为计税依据，依法计征的一种税。

$$应纳税额 = （增值税 + 消费税）\times 适用税率$$

由于矿产不征收消费税，因此

$$应纳税额 = 增值税 + 消费税 \times 适用税率$$

税率按纳税人所在地分别规定为：市区 7%；县城和镇 5%；乡村 1%。大中型工矿企业所在地不在城市市区、县城、建制镇的，税率为 1%。

城市维护建设税按增值税税额的 7% 计取

2）教育费附加。教育费附加是由税务机关负责征收，同级教育部门统筹安排，同级财政部门监督管理，专门用于发展地方教育事业的预算外资金。教育费附加按增值税额的 3% 计取。

11.5.4　利润与利润分配

企业生产经营通过利润分配，使企业达到持续发展。具体项目见表 11-11。

表 11-11　利润与利润分配估算表

序号	项　　目	年　份					
		建设期		投产期		生产期	
		1	…	…	…	…	…
一	生产规模						
	矿石产量						
二	利润与利润分配估算						
1	营业收入						
1.1	产品营业收入						
1.2	其他业务营业收入						
2	销售税金及附加						
3	总成本费用						
4	利润总额						
5	弥补以前年度亏损						
	所得税税率	25%	25%	25%	25%	25%	25%
6	所得税						
7	税后利润						
8	可供分配利润						
9	盈余公积金						
10	未分配利润						
11	累计未分配利润						

（1）其他业务收入。企业除主要产品收入外，还有其他业务收入。主要表现为：税金返还、岩石出售收入、固定资产出售收入等。

（2）弥补以前年度亏损。如果企业上年的净利润为负（或以前积年的净利润总和为负），本年的税前净利润要首先弥补掉这部分亏损，才能作为可代分配的净利润。

（3）企业所得税。

①计算方法：

$$销售税金及附加=城市维护建设税+教育费附加+资源税$$

$$应纳税所得额=销售收入-总成本费用-增值税-销售税金及附加$$

$$企业所得税=应纳税所得额×所得税税率$$

②企业所得税税率。企业所得税税率 25%。

4）税后利润（净利润）。

$$企业可获得的税后利润=应纳税所得额-企业所得税$$

5）可供分配利润。可供分配利润即为税后利润。

6）盈余公积金。盈余公积金包括法定盈余公积金、任意盈余公积金、法定公积金。

盈余公积金一般按照税后利润的 10% 提取。

7）未分配利润

$$未分配利润=税后利润-盈余公积金$$

11.5.5 项目现金流量估算

企业现金流量，可以反映投资项目的经营状况。通过项目的现金流量计算投资项目的投资回收期、财务内部收益率及财务净现值，以此考核投资项目的技术、经济合理性。

11.5.5.1 投资回收期

投资回收期是指以项目的净收益（包括利润和折旧）抵偿全部投资（包括固定资产投资和流动资金投资）所需的时间。一般以年为计算单位，从项目投建之年算起，如果从投产年或达产年算起时，应予注明"不含建设期"。

$$投资回收期=\left[\frac{累计净现金流量}{开始出现正值年份数}\right]-1+\frac{上年累计净现金流量绝对值}{当年净现金流量}$$

（1）财务净现值。净现值法是在建设项目的财务评价中计算投资效果的一种常用的动态分析方法。

净现值指标要求考虑项目寿命期内每年发生的现金流量，净现值是指按一定的折现率（基准折现率），将各年的净现金流量折现到同一时点（计算基准年，通常是期初）的现值累加值。

（2）财务净现值公式。净现值的计算公式为：

$$NPV = \sum_{t=0}^{n} (CI - CO)_t (1 + i_0)^{-t}$$

式中   NPV——净现值；

     t——计算年；

     CI——年收益；

CO——年支出；

  n——计算期；

  i_0——基准收益率。

（3）财务净现值判别原则。对单一方案而言，若 NPV≥0，表示项目实施后的收益率不小于基准收益率，方案予以接受；若 NPV<0，表示项目的收益率未达到基准收益率，方案应予拒绝。

多方案比较时，以净现值大的方案为优（表 11-12）。

表 11-12　项目投资现金流量表

序号	项　目	年　份					
		建设期		投产期		生产期	
		1	…	…	…	…	…
1	现金流入						
1.1	营业收入						
1.2	回收固定资产余值						
1.3	回收流动资金						
	小　计						
2	现金流出						
2.1	建设投资						
2.2	流动资金						
2.3	经营成本						
2.4	销售税金及附加						
2.5	所得税						
	小　计						
3	税前净现金流量						
4	累计税前净现金流量						
5	税后净现金流量						
6	累计税后净现金流量						

计算指标：   税前   税后

投资回收期（年）： —   —

财务净现值（$I_c=8\%$）（万元）： —   —

财务内部收益率（%）： —   —

11.5.5.2　财务内部收益率 (IRR)

(1) 内部收益率。内部收益率又称内部报酬率，它是除净现值以外的另一个最重要的动态经济评价指标。

所谓内部收益率是指项目在计算期内各年净现金流量现值累计 (净现值) 等于零时的折现率。

(2) 内部收益率 IRR 计算公式为

$$\sum_{t=0}^{n} (CI - CO)_t (1 + IRR)^{-t} = 0$$

式中，IRR 为内部收益率。

(3) 内部收益率的判别原则。计算求得的内部收益率 IRR 要与项目的基准收益率相比较，当 IRR≥基准收益率时，则表明项目的收益率已达到或超过基准收益率水平，项目可行；反之，当 IRR<基准收益率时，则表明项目不可行。

目前铁矿山行业的基准收益率一般选为 8%。

12 制图规范

为规范露天开采毕业设计制图规则，实现制图标准化，提高制图效率，保证图面质量，不用或少用文字说明便能表达设计意图，使设计、施工和生产之间有简捷共同语言，特设本章制图标准。毕业设计按本制图标准执行。

12.1 基本规定

12.1.1 一般规定

图纸应首先考虑视图简便，在符合各设计阶段内容深度要求的前提下，力求制图简明、清晰、易懂。

设计图纸的度量单位，无论图面上和图中的文字说明，均应以法（规）定的计量单位表示。

各设计阶段的图纸均应编制图纸目录，图纸目录应符合图 12-1 所示的规格、内容、要求，图纸目录的序号应按设计单位自行规定的各设计专业的编号顺序进行编制。

应根据不同设计专业要求，采用适当的规格和比例的图纸；图面布局要合理，图面表达设计内容、要求应完整、简明，图形投影正确；图中数字、文字、符号表示准确，各种线条粗细符合本标准规定。

12.1.2 图纸规格

各阶段设计图纸的幅面及图框尺寸，应符合图 12-2～图 12-4 及表 12-1 的规定。特殊情况，可将表 12-1 中的 A0～A3 图纸的长度或宽度加长。A0 图纸只能加长长边，A1～A3 图纸长、宽边都可加长。加长部分应为原边长的 1/8 及其整数倍数，按图幅规格表 12-2 选取。

A0、A1、A2 图纸内框应有准确标尺，标尺分格应以图内框左下角为零点，按纵横方向排列。尺寸大格长为 100mm，小格长 10mm，分别以粗实线和细实线标界，标界线段长分别为 3mm 和 2mm。标尺数值应标于大格标界线附近。

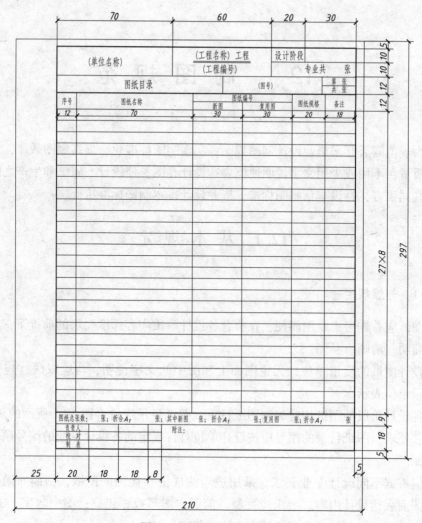

图 12-1　图纸目录幅面格式

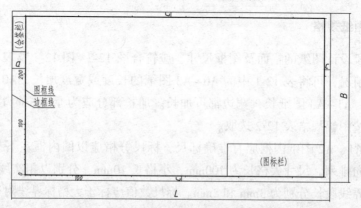

图 12-2　A0 A1 A2 A3 图纸横式幅面

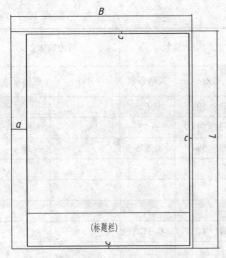

图 12-3 A4 图纸立式幅面

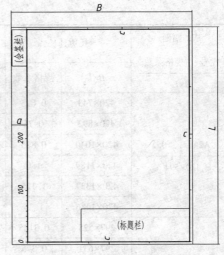

图 12-4 A1 A2 A3 图纸立式幅面

表 12-1 图纸幅面及图框尺寸 (mm)

幅画代号	A0	A1	A2	A3	A4
$B×L$	841×1189	594×841	420×594	297×420	210×297
a	25				
c	10			5	
规格系数	2	1	0.5	0.25	0.125

表 12-2 图幅规格表 (mm)

基本幅面		长边延长		短边延长		两边放大	
代号 | 规格系数 $B×L$		$B×L$	规格系数	$B×L$	规格系数	$B×L$	规格系数
A0　2 841×1189		841×1337	2.25				
		841×1486	2.5				
		841×1635	2.75				
		841×1783	3.0				
A1　1 594×841		594×946	1.125	668×841	1.125	668×946	1.27
		594×1051	1.25	743×841	1.25	743×1051	1.56
		594×1156	1.375	817×841	1.375	817×1156	1.89
		594×1261	1.5	892×841	1.5		
		594×1336	1.625				
		594×1472	1.75				

基本幅面		长边延长		短边延长		两边放大	
代号	规格系数						
B×L		B×L	规格系数	B×L	规格系数	B×L	规格系数
A2 420×594	0.5	420×743	0.625	525×594	0.625		
		420×892	0.75	631×594	0.75		
		420×1040	0.875	736×594	0.875		
		420×1189	1.0				
		420×1337	1.125				
		420×1486	1.25				
A3 297×420	0.25	297×525	0.3125	371×420	0.3125		
		297×631	0.375				
		297×736	0.4375				
		297×841	0.5				
		297×946	0.5625				
		297×1051	0.625				
A4 210×297	0.125	210×297					

12.1.3 图纸标题栏

图纸必须设有标题栏，标题栏由更改区、签字区、名称区、代号区及其他区组成，也可按实际需要增加或减少，并应符合下列规定：

（1）更改区由更改标记、数量、修改和批准者签名和日期等组成；

（2）签字区由设计、审核、审定者签名和年月等组成；

（3）名称区由项目隶属单位及工程名称或文件名称、单位工程名称和图纸名称等组成；

（4）代号及其他区由图纸代号、共×页第×页、质量、比例及设计编制单位名称等组成。

标题栏的位置应位于图纸的右下角。标题栏格式宜符合图 12-5 的规定。必要时，可在图纸左上侧设置图号栏。复制的地质图应采用本标准规定的标题栏。

12.1.4 比例

图纸必须按比例绘制，不能按比例绘制时，但应注明"×××示意图"的字样，并应防止严重失真。

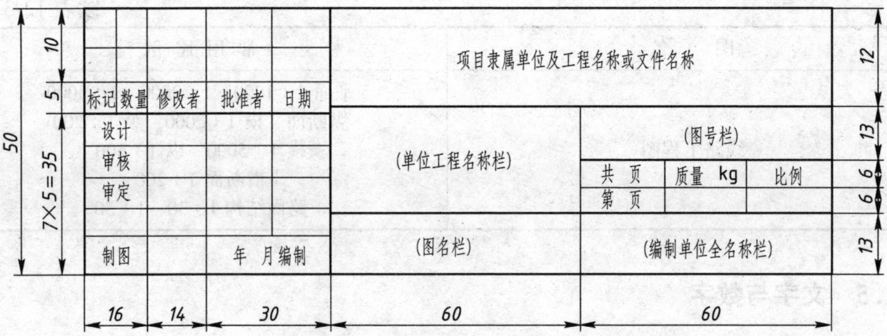

图 12-5 标题栏格式

应适当选取制图比例，使图面布局合理、美观、清晰、紧凑，制图比例按 $1:(1, 2, 5)×10^n$ 系列选用；特殊情况时，可取其间比例。

同一视图中，图样的纵横比差过大，而又需要详细标注尺寸时，纵向和横向可采用不同比例绘制，并应在视图名称下方或右侧标注比例。长细比较大且不需要详细标注的视图，可不按比例绘制。

比例的表示方法和注写位置应符合下列规定：

（1）表示方法：比例必须采用阿拉伯数字表示，例如 1：2，1：50 等。

（2）注写位置：

1）全图只有一种比例时，应将比例注写在标题栏内。

2）不同视图比例注写在相应视图名的下方，如图 12-6 所示，同时在比例栏内注明"见图"字样。

平面图   I—I
1：50   1：50

图 12-6 视图比例标注法

露天采矿制图常用比例宜符合表 12-3 的规定。

表 12-3 露天采矿制图常用比例

图 名	常 用 比 例
矿区矿（井）田划分及开发方式图	平面 1：5000 1：10000 1：20000 剖面 1：2000 1：5000
剥、采、排工程图	平面 1：2000 1：5000 1：10000 剖面 1：1000 1：2000 1：5000
采区划分及开采顺序图	平面 1：5000 1：10000
出入沟工程图	平面 1：1000 1：2000 1：5000 纵断面 横 1：2000 纵 1：200 横 1：5000 纵 1：500 横断面 1：200 1：500 路面结构 1：30 1：50

续表 12-3

图　名	常　用　比　例
线路工程图	平面 1：1000　1：2000　1：5000 纵断面　横 1：2000　纵 1：200 横 1：5000　纵 1：500 横断面 1：200 路面结构 1：30　1：50

12.1.5　文字与数字

图纸中的各种文字宋体（汉字和外文）、各种符号、字母代号、各种尺寸数字等的大小（号数），应根据不同图纸的图面、表格、标注、说明、附注等的功能表示需要，可选择采用计算机文字输入统一标准中的一种和（或）几种。但要求排列整齐、间隔均匀、布局清晰。

图纸中的汉字应采用国家正式公布推广的简化字，不得用错别字（尤其是同音错别字）、生造字。

拉丁字母、希腊字母或阿拉伯数字，如需写成斜体字时，其斜度应与水平上倾斜 75°。

图纸中表示数量的数字，应采用阿拉伯数字表示。

书写字体高度宜符合字体高度的公称尺寸系列：1.8mm、2.5mm、3.5mm、5mm、7mm、10mm、14mm、20mm。

12.1.6　图线

图线宽度系列应为 0.18、0.25、0.35、0.5、0.7、1.0、1.4 和 2.0mm。

绘图时，应根据图样复杂程度和比例大小确定，基本图线宽度 b 宜采用 0.35、0.5、0.7、1.0、1.4、2.0mm。根据基本图线宽度 b 确定其他图线宽度。图线类型及宽度见表 12-4。

表 12-4　图线名称、形式、宽度

名称	形　式	图线宽度		用　途
		相对关系	宽度/mm	
粗实线	——————	b	1.0~2.0	图框线、标题栏外框线
中实线	——————	$b/2$	0.5~1.0	勘探线、可见轮廓线、粗地形线、平面轨道中心线
细实线	——————	$b/4$	0.25~0.7	改扩建设计中原有工程轮廓线，局部放大部分范围线，次要可见轮廓线，轴测投影及示意图的轮廓线

名称	形 式	图线宽度		用 途
		相对关系	宽度/mm	
最细实线	——————————	$b/5$	0.18~0.25	尺寸线、尺寸界线、引出线、地形线、坐标线、细地形线
粗虚线	▬ ▬ ▬ ▬	b	1.0~2.0	不可见轮廓线、预留的临时或永久的矿柱界限
中虚线	▬ ▬ ▬ ▬	$b/2$	0.5~1.0	不可见轮廓线
细虚线	— — — — —	$b/3$	0.35~1.0	次要不可见轮廓线、拟建井巷轮廓线
粗点划线	▬ - ▬ - ▬	b	1.0~2.0	初期开采境界线
中点划线	— - — - —	$b/2$	0.5~1.0	
细点划线	– - – - –	$b/3$	0.35~1.0	轴线、中心线
粗双点划线	▬ - - ▬ - - ▬	b	1.0~2.0	末期开采境界线
中双点划线	— - - — - - —	$b/2$	0.5~1.0	
细双点划线	·–··–··–·	$b/3$	0.35~1.0	假想轮廓线，中断线
折断线	⌐\⌐	$b/3$	0.35~1.0	较长的断裂线
波浪线	∿∿∿	$b/3$	0.35	短的断裂线，视图与剖视的分界线，局部剖视或局部放大图的边界线。
断开线	▬ ▬		1.0~1.4	剖切线

平行线间隔不应小于粗线宽度的 2 倍，且不小于 0.7mm。

图线绘制时，必须遵守下列规定：

（1）虚线、点划线及双点划线的线段长短和间隔应大致相等。虚线每段线长 3~5mm，间隔 1mm；点划线每段线长 10~20mm，间隔 3mm；双点划线每段线长 10~20mm，间隔 5mm。

（2）绘制圆的中心线时，圆心应为线段的交点。

（3）点划线和双点划线的首末两段，应是线段而不是点。

（4）点划线与点划线或尺寸线相交时，应交于线段处。

（5）当图形比较小，用最细点划线绘制有困难时，可用细实线代替。

（6）采用直线折断的折断线，必须全部通过被折断的图面。当图形要素相同、有规律分布时，可采用中断的画法，中断处以两条平行的最细双点划线表示。

对需要标注名称的设备、部件、设施和井巷工程以及局部放大图和轨道曲线要素等，应采用细实线作为引出线引出标注（号），需要时应进行有规律的编号。同一张图上标号和指引线宜保持一致，并符合图 12-7 所示要求。

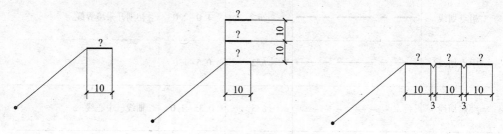

图 12-7　标号和指引线

12.1.7　字母与符号

常用技术术语字母符号参照表 12-5 的规定执行。

表 12-5　常用技术术语字母符号

名称	符号	名称	符号	名称	符号
长度	$L\ l$	集中动荷载	T	截面系数	W
宽度	$B\ b$	加速度	a	质量	m
高度或深度	$H\ h$	重力加速度	g	重量	$G\ g$
厚度	$\delta\ d$	水平力	H	比重	γ
半径	$R\ r$	支座反力	R	最小抵抗线	W
直径	$D\ d$	剪力	Q	坡度	i
体积	$V\ v$	切向应力	τ	角度	$\alpha\ \beta\ \theta$
时间	$T\ t$	弹性模量	E	面积	S
力矩	M	惯性矩	I	年产量	A

续表 12-5

名称	符号	名称	符号	名称	符号
转点	JD	压强	P	单位涌水量	q
均布动荷载	F	切线长	T	疏干涌水量	Q
集中静荷载	P	眼间距	a	垂直力	N
均布静荷载	Q	排距	b	采掘带宽度	A_e
制动力	T	经距	Y	最小平盘宽度	B_{min}
摩擦力	F	纬距	X	道路最大纵坡	i_{max}
摩擦系数	μf	标高	Z	方位角	α
岩（矿）石硬度系数	f	比例	M	渗透系数、安全系数	K
摩擦角、安息角	φ	转数	n	动力系数	K
松散系数	k	线速度	v		

各种图纸及与图纸有关的设计文件，同一个量所用的符号应一致。

各种图纸及有关设计文件中使用的计量单位，应符合国家有关法定计量单位及现行标准的规定。

12.1.8 数值精度

数值精度应按表 12-6 规定执行。

表 12-6 数值精度表

序号	量的名称	单 位	计算数值到小数点后位数
2	掘进体积	m^3	2
3	矿石量	t；万吨	2；2
4	金属	kg；t；	2；2；2
5	一般金属品位	%	2
6	贵金属、稀有金属品位	g/t	4
7	废石量	m^3；万 m^3	2；2
8	木材	m^3	单耗2，总量0
9	钢材	kg；t	单耗2，总量0
10	混凝土	m^3	单耗2，总量0
13	水沟盖板	块	0
15	剥采比	t/t m^3/m^3 m^3/t	1 1 1

计算中间的过程数值，精确到小数点后比结果数值多 1 位，然后，其尾数采用四舍五入得计算结果数值。

12.2　图形及画法

12.2.1　投影及视图

设计图纸应准确表达设计意图，一般只画出设计对象的可见部分，必要时也可画出不可见部分。可见部分用实线表示，不可见部分用虚线表示。

视图应按正投影法绘制，并采用第一角画法；图纸视图的布置关系见图 12-8。采矿方法图、竖井工程图、巷道分岔点图等需用三视图表示时，正视图一般放在图幅的左上方，俯视图放在正视图的下方，侧视图放在正视图的右方。

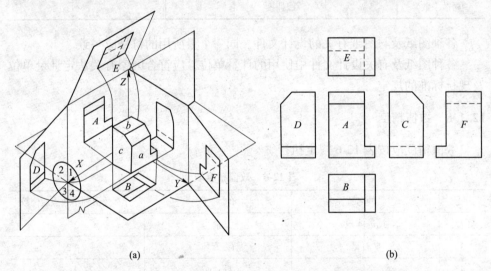

(a)　　　　　　　　　　　　　　　　　(b)

图 12-8　正投影法的第一角画法投影面的展开和视图布置

(a) 正投影法的第一角画法投影面的展开；(b) 视图布置

有坐标网的图纸，正北方向应指向图纸的上方；特殊情况可例外，但图上须标有指北针。

指示斜视或局部视图投影方向应以箭头表示，并用大写字母标注，如图 12-9 所示。

剖示图在剖切面的起讫处和转折处的剖切线用断开线表示，其起讫处不应与图形的轮廓线相交，并不得穿过尺寸数字和标题。在剖切线的起讫处必须画出箭头表示投影方向，并用罗马数字编号，如图 12-10 所示。

当图形的某些部分需要详细表示时，可画局部放大图，放大部分用细实线引

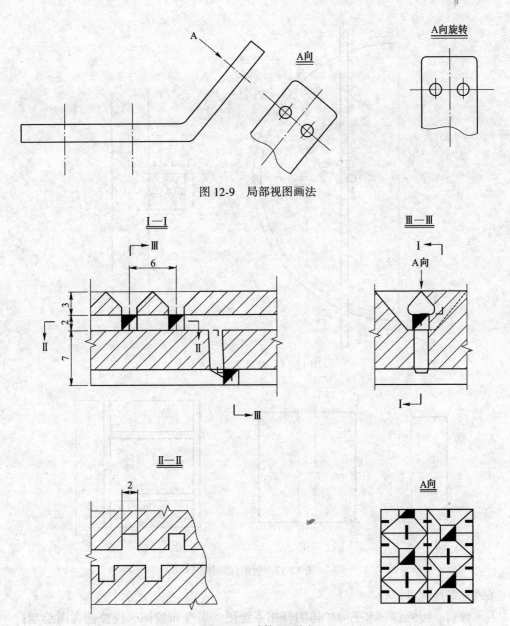

图 12-9 局部视图画法

图 12-10 剖切面画法

出并编号, 见图 12-11。放大图应放在原图附近, 并保持原图的投影方向。

采用折断线形式只绘出部分图形时, 折断线应通过剖切处的最外轮廓线, 如图 12-12 所示。带坐标网的图样不得用折断线画法。

通风系统图、开拓系统图及复杂的采矿方法图, 用正投影画法不能充分表达设计意图时, 可采用轴侧投影图或示意图表示。轴侧投影图中表示巷道时, 用二

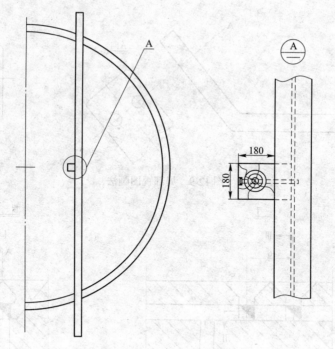

图 12-11　局部放大画法

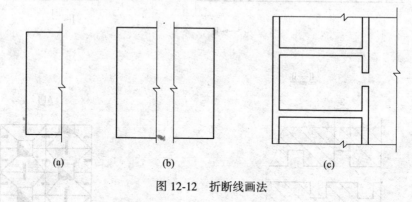

图 12-12　折断线画法

条或三条线均可。

　　倾斜、缓倾斜、水平薄矿体的开拓系统图、采准布置图，应按俯视图绘制；斜井岔口放大图，应用垂直倾斜面的视图画出。

12. 2. 2　尺寸标注

　　图样的尺寸应以标注的尺寸数值为准，同一尺寸一般只标注一次，并应标注在表示该结构最清晰的图形上；对表达设计意图没有意义的尺寸，不应标注。

　　图中所标尺寸，标高必须以米为单位，其他尺寸以毫米为单位。当采用其他单位时，应在图样中注明。

尺寸线与尺寸界线应用细实线绘制。尺寸线起止符号可用箭头、圆点、短斜线绘制，见图 12-13。

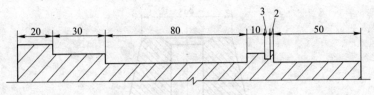

图 12-13　尺寸标注画法（一）

同一张工程图中，一般宜采用一种起止符号形式。当采用箭头位置不够时，可用圆点或斜线代替。

半径、直径、角度和弧度的尺寸起止符宜用箭头表示。

水平尺寸线数字应标注在尺寸线的上方中部，垂直方向尺寸线数字应标在尺寸线的左侧中部，当尺寸线较密时，最外边的尺寸数字可标于尺寸线外侧，中部尺寸数字可将相邻的数字标注于尺寸线的上下或左右两边，见图 12-13、图 12-14。

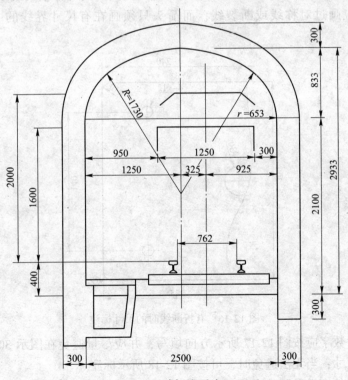

图 12-14　尺寸标注画法（二）

尺寸界线应超出尺寸线，并保持一致。

在标注线性尺寸时，尺寸线必须与所需标注的线段平行。尺寸界线应与尺寸线垂直，当尺寸界线过于贴近轮廓线时，允许倾斜划出，见图12-15。

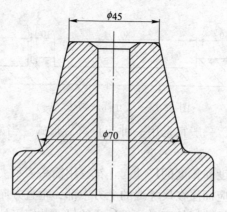

图 12-15　尺寸标注画法（三）

当用折断方法表示视图、剖视、剖面时，尺寸也应完全画出，尺寸数字应按未折断前的尺寸标注。如果视图、剖视或剖面只画到对称轴线或断裂部分处，则尺寸线应画过对称线或断裂线，而箭头只须画在有尺寸界线的一端，见图12-16。

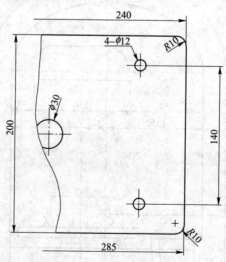

图 12-16　有折断线时的尺寸标注

斜尺寸数字应按图12-17所示方向填写，并应尽量避免在图示30°的阴影范围内标注尺寸；当无法避免时，可按图12-18所示标注。

标注圆的直径和圆的半径时，按图12-19标注。

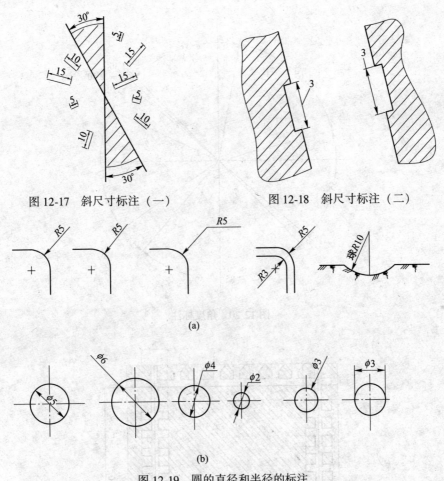

图 12-17 斜尺寸标注（一）　　　图 12-18 斜尺寸标注（二）

(a)

(b)

图 12-19 圆的直径和半径的标注

（a）半径标注；（b）圆及小圆标注

标注角度的数字，应水平填写在尺寸线的中断处，必要时，可填写在尺寸线的上方或外面；位置不够时，也可用引线引出标注，如图 12-20 所示。

凡要素相同、距离相等时，尺寸标注可按图 12-21、图 12-22 表示。

采矿图上表示巷道、路堑、水沟坡度时，应将标注坡度的箭头指向下坡方向，箭头上方标注坡度的数值，变坡处应标出变坡的界限。如图 12-23 所示。

表示斜度或锥度时，其斜度与锥度的数字应标注在斜度线上。如图 12-24 所示。

曲线段的标注方法一般如图 12-25 表示。

12.2.3　标高

采矿标高一般应标注绝对标高；标注相对标高时，应注明与绝对标高的关系。

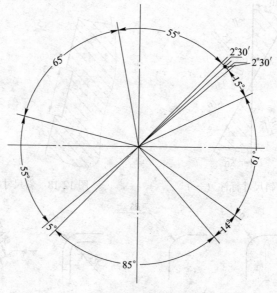

图 12-20　角度标注

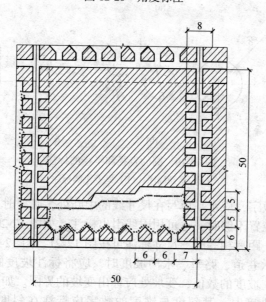

图 12-21　相同要素的标注（一）

　　标高符号标注于水平线上，其数字表示该水平线段的标高；标高符号标注于倾斜线上，表示该线段上该点的标高。标注于平面图整个区段上的标高，标高符号采用两侧成 45°（30°）的倒三角形。标高符号空白的表示相对标高，涂黑的表示绝对标高。标高符号及标注方法见表 12-7。

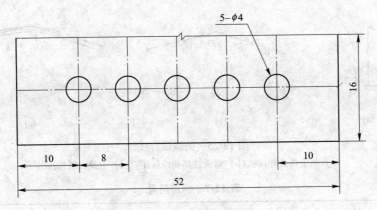

图 12-22 相同要素的标注（二）

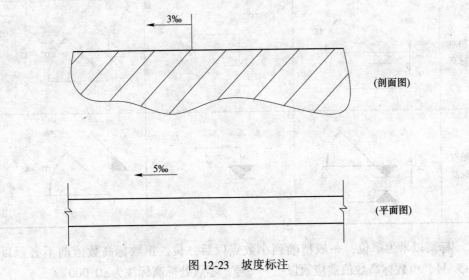

图 12-23 坡度标注

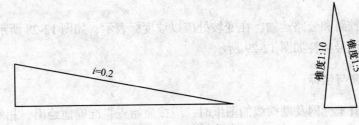

图 12-24 锥度标注

图 12-25　曲线段标注

（a）轨道曲线标注；（b）露天铁路曲线标注；（c）公路曲线标注

表 12-7　标高符号

类别	立 面 图		平 面 图
	一般	必要时	
相对标高			
绝对标高			

标高以米为单位，一般精确到小数点以后三位。正数标高数值前不必冠以"+"号，负数标高数值前应冠以" "号，零点处标高标注为±0.000。

线路及水沟的纵坡及变坡点标高，应以纵断面示意图画出，见图 12-26 和图 12-27。

露天矿铁路和公路运输，在变坡处应以坡度标表示，如图 12-28 所示。

坐标点编号标注如图 12-29 所示。

12.2.4　方向与坐标

绘制带有坐标网及勘探线的图纸时，应按原始资料准确地绘出，相邻勘探线或坐标网格之间的误差不得大于 0.5mm。坐标网格亦可用纵横坐标线交叉的大"十"字代替。大"十"字线为细实线。

图 12-26 单轨线路及水沟纵坡度图

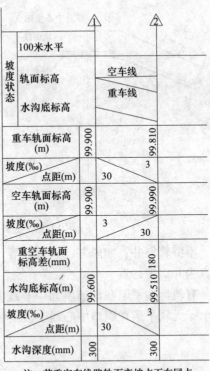

注：若重空车线路轨面变坡点不在同点，则应分开作纵剖面图。

图 12-27 双轨线路及水沟纵坡度图

轨顶(路肩)标高			
坡度(‰ %)	坡度(‰ %)	坡度(‰ %)	坡度(‰ %)
间距	间距	间距	间距
		轨顶(路肩)标高	

图 12-28 坡度标注方法

图 12-29 坐标点编号标注方法

坐标值、标高、方向等，应根据计算结果填写。计算坐标过程中，角度精确到秒，角度函数值一般精确到小数点后 6~8 位。计算结果的坐标值以米为单位，精确到小数点后 3 位。

除井（硐）口及简单图纸外，坐标值一般不直接标注在图线上，应填入图旁的坐标表中。如坐标点多、占用图幅面积大时，可另用图纸附上坐标表。

提升斜井井口应给出两个坐标点：提升中心坐标点和井筒中心坐标点。提升中心为井筒提升中心线轨面竖曲线两条切线的交点，其标高为水平切线标高。井筒中心为斜井底板中心线与底板水平线交点，标高为井口底板标高，如图 12-30 所示。

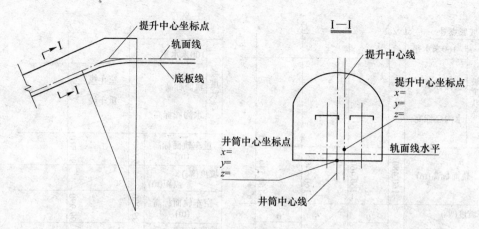

图 12-30　提升斜井坐标点标注方法

不铺轨斜井，如风井、人行井等，以斜井井筒底板中心线与井口地面水平线交点为井口坐标点。

有轨运输平硐在硐口轨面中心线上设坐标点，标高为轨面标高，如图 12-31 所示。无轨平硐在硐口中心线上设坐标点，标高为底板或路面标高。

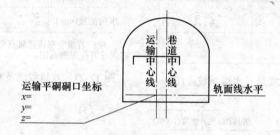

图 12-31　有轨运输平硐坐标点标注方法

施工图中分岔点处坐标点，只标注岔心点及分岔后切线与直线的交点的坐标，如图 12-32 中的①、②点。

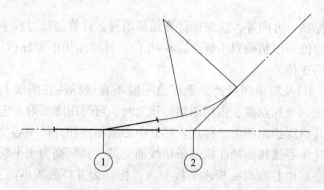

图 12-32　分岔点处坐标点标注方法

凡是与方向有关的采矿及井建工程图，如露天开采设计平面图等，都必须标注指北针。地下和露天开采平面图的指北针，标注在图纸中右上角，如图 12-33 所示。

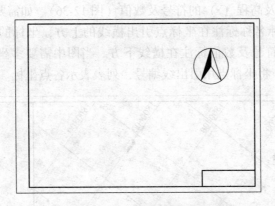

图 12-33 平面图指北针标注方法

线段方位角是指自子午线北端沿顺时针方向与该线段夹角，数值为 0°~360°。线段方向角是指由子午线较近的一端（北端或南端）起至该线段的夹角，数值为 0°~90°，标注方法为：北偏东 60° 写为 N60°E，南偏西 30° 写为 S30°W。线段的方位角及方向角如图 12-34 所示。

斜井及平硐方位角系指北向起沿顺时针量至延深方向中心线止，以 0°~360° 表示（方向角指北（或南）向起量至延深方向中心线止，以 N××°E、N××°W、S××°E、S××°W 表示），如图 12-35 所示。

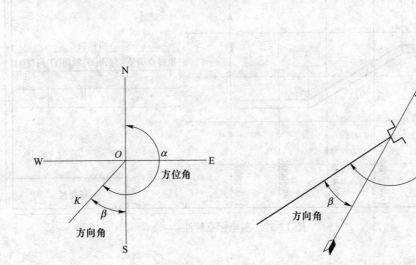

图 12-34 线段方位角、方向角标注方法   图 12-35 斜井及平硐方位角标注方法

12.2.5　方格网

表示某一点的坐标，可在该点的右边或在其引出线上从上到下分别写出纬距（x）、经距（y）及高程（z）的符号及数值（图12-36）。如需要同时标注坐标点名称时，可将坐标名称标注在坐标点引出横线的上方，坐标的纬距（x）、经距（y）、高程（z）符号及数值标注在横线下方。当图中需要多坐标点标注时，可按图12-37所示，将坐标点用引出线编号，列表表示各点坐标。

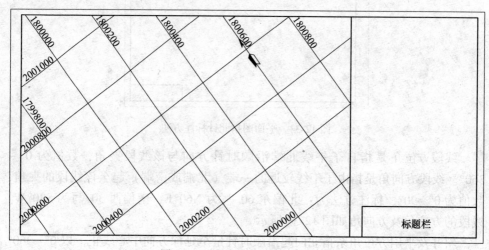

图12-36　画有经纬线的坐标标注

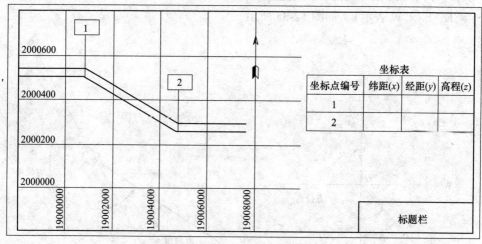

图12-37　多坐标点标注

12.2.6　图例

矿石、岩石及材料图例应符合表12-8的规定。

表 12-8　矿石、岩石及材料图例

序号	名　称	图　例	备　注
1	整体矿石	 周边涂色　矿石符号	
2	崩落矿石	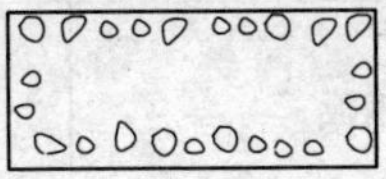	
3	整体岩石	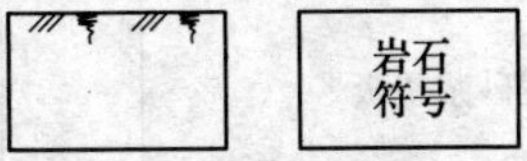 岩石符号	
4	崩落岩石		
5	自然土壤	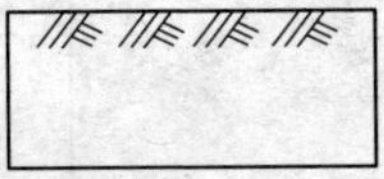	
6	混凝土（胶结充填料）		图中可以局部填充
7	钢筋混凝土		图中可以局部填充
8	混凝土块砌体	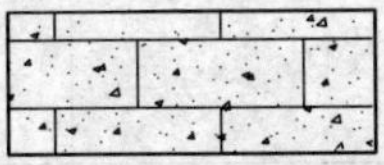	图中可以局部填充
9	料石砌体	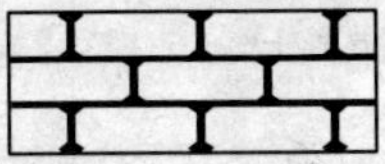	图中可以局部填充
10	砖砌体	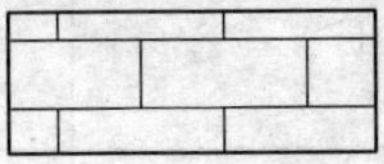	图中可以局部填充
11	道渣	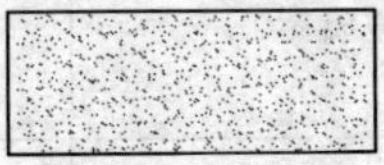	
12	金属	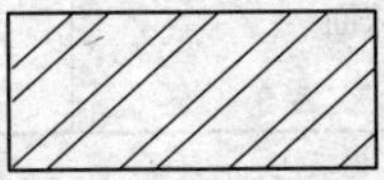	

序号	名　称	图　例	备　注
13	金属网		
14	花纹钢板		
15	水泥砂浆垫板		
16	木材		
17	水		
18	锚　杆 金属网锚杆		
19	毛石混凝土		
20	毛石及片石		
21	预制钢筋混凝土		
22	充填土		
23	有机玻璃		
24	砂浆抹面		

各种界线与方向图例应符合表 12-9 的规定。

表 12-9 各种界线与方向图例

序号	名　称	图　例	备　注
1	开采境界线	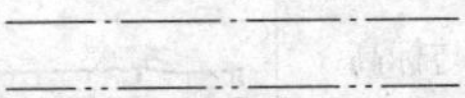	上图为前期开采境界线 下图为末期开采境界线
2	爆破警戒线		上图为前期警戒线 下图为末期警戒线
3	错动界线		
4	指北方向	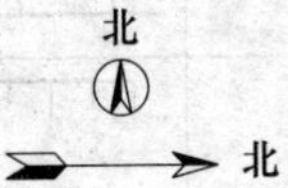 北	上图用于平面图 下图用于竖井车场、阶段平面
5	重车运输方向		
6	空车运输方向		
7	水沟、电缆沟坡度及水流方向	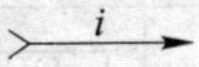 i	箭头指向下坡方向
8	巷道、路堑坡度	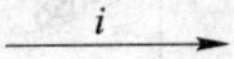 i	箭头指向下坡方向
9	边坡加固界线		
10	火灾避灾方向		
11	水灾避灾方向		

露天工程与井巷工程图例应符合表 12-10 的规定。

表 12-10 露天工程与井巷工程图例

序号	名　称	图　例	备　注
1	阶段平台坡面与标高	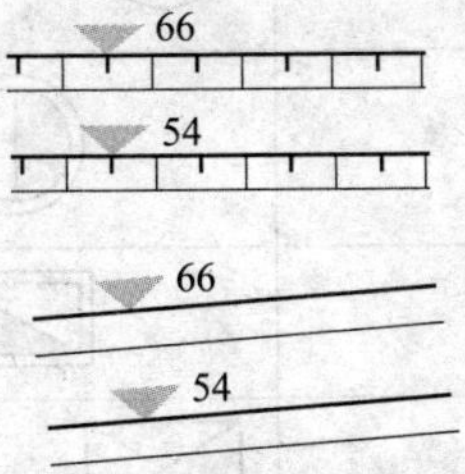 66 54 66 54	

续表 12-10

序号	名 称	图 例	备 注
2	原有阶段平台坡面与标高	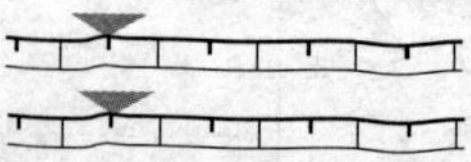	
3	倾斜路堑	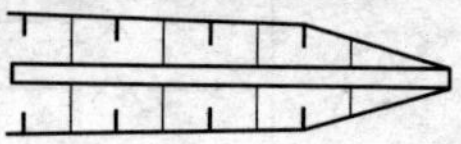	
4	水平路堑	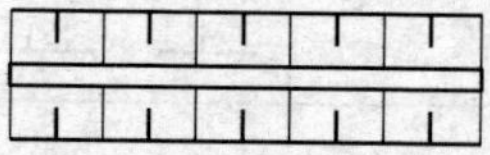	
5	倒装场	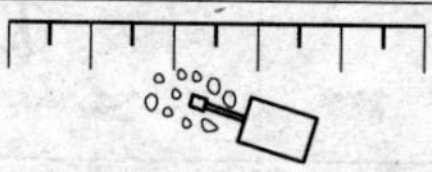	
6	排土场	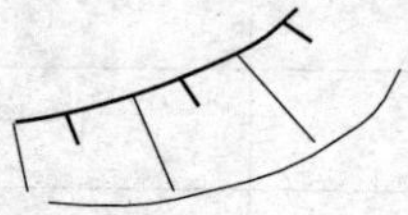	
7	护坡加固	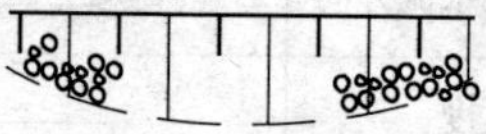	
8	斜井	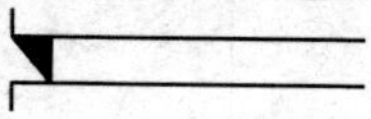	
9	斜坡道	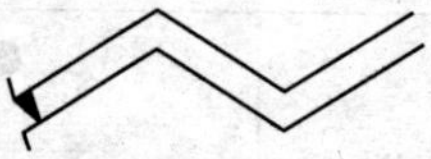	
10	平硐	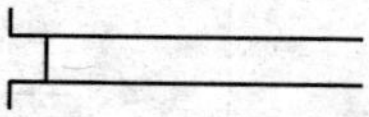	
11	矿石溜井	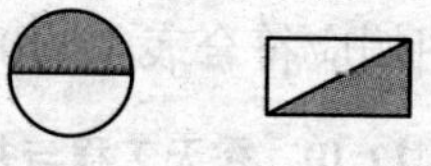	漏斗颈、溜口亦可使用
12	废石溜井	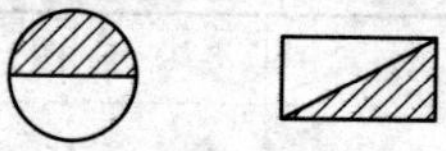	
13	圆竖井	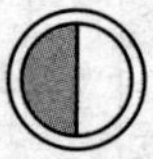	
14	矩形竖井	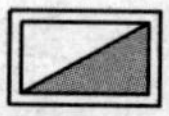	
15	设备材料井		左图为下口 右图为上口

续表 12-10

序号	名 称	图 例	备 注
16	电梯井	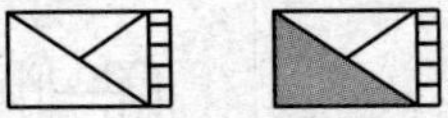	左图为下口 右图为上口
17	切割天井	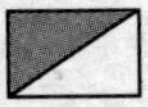	
18	设计平巷	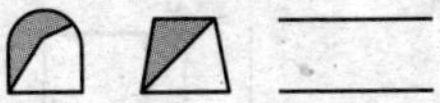	粗实线，也可不填充
19	原有平巷	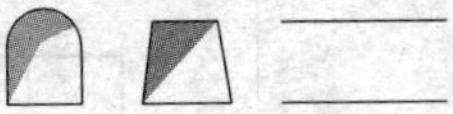	细实线，也可不填充
20	拟建井巷	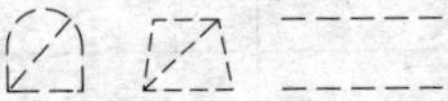	
21	探矿井巷	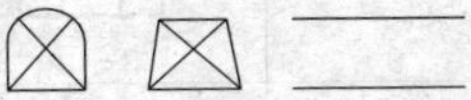	最细实线
22	水沟	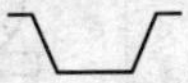	
23	变电站	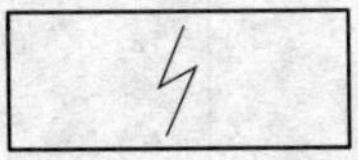	
24	大块石条筛	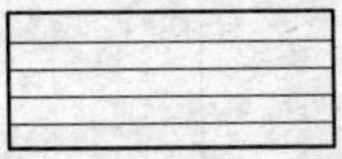	
25	块石格筛	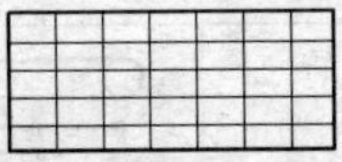	

设备图例应符合表 12-11 的规定。

表 12-11 设 备 图 例

序号	名 称	图 例	备 注
1	钻 机	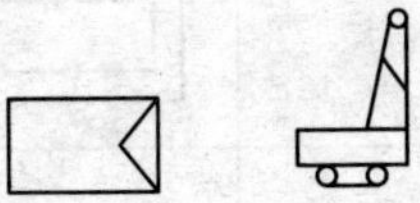	
2	挖掘机	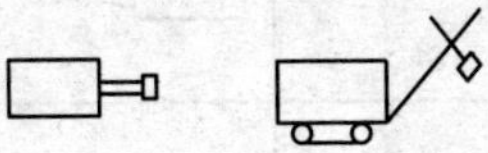	

序号	名　称	图　例	备　注
3	装载机		包括前装机
4	推土机		
5	汽　车		
6	矿　车		
7	电机车		
8	移动式胶带排土机		
9	半固定破碎机		
10	移动式破碎机		
11	胶带运输机		
12	混凝土搅拌机		
13	翻车机		
14	索斗铲		
15	移动空压站		

附录　采矿工程专业(本科)毕业设计大纲

A　毕业设计的目的和任务

采矿工程专业毕业设计是采矿工程专业学生学习的最后一个教学环节。通过毕业设计，使学生对所学的基础理论知识和专业理论知识进行一次系统地总结，并结合实际条件加以综合运用，以巩固和扩大所学的知识，培养和提高学生分析和解决实际问题的能力，丰富学生的生产实际知识。同时，在毕业设计中，通过对某一理论或生产实际问题的深入分析研究，培养、锻炼和提高学生的科技论文写作能力。

B　毕业设计资格

学生必须完成教学计划所规定的全部课程，完成所有课程设计、教学、实习并取得合格成绩后，才允许开展做毕业设计。

C　完成毕业设计遵循的原则

毕业设计是按照给定矿山的地质条件，完成一个矿床开采初步设计的主要内容。毕业设计必须按照毕业设计大纲的要求进行，完成大纲规定的全部工作量。

设计中，必须遵守国标《金属非金属矿山安全规程》（GB 16423—2006）和《冶金矿山采矿设计规范》（GB 50830—2013）等有关的规范、规定、标准和技术政策。

毕业设计中，必须注意生产安全和改善矿工的劳动条件；要因地制宜地采用现代采矿新技术，尽可能地简化生产系统，缩短建井工期和减少初期工程量，提高采掘工作面单产；尽可能地提高劳动生产率，降低原材料消耗，以期获得较好的技术经济指标，实现高产高效；尽可能地提高矿产资源采出率。

学生在毕业设计过程中，应尽量发挥自己的创造能力，鼓励针对理论上或生产实际中某一具体问题进行较为深入细致的研究，初步锻炼应用能力，在内容、方法或结论的某一方面尽可能有所创新。

D　毕业设计的选题和进行方式

毕业设计题目，原则上以毕业实习矿井的自然地质条件为依据，必要时可对具体条件做某些更改，但不能简化太多，修改的部分必须征得指导教师同意。

毕业设计题目确定后，一般不得轻易改变。必须修改题目时，需取得指导教师的同意；如有特殊情况，还需经系所批准。毕业设计的全部内容应由学生独立进行和完成，不能让人代做或抄袭。当矿井的地质条件十分复杂时，可以对开拓、开采方案等的原则问题，学生之间可以进行相互讨论。

每个学生必须按大纲要求独立完成毕业设计说明书和毕业设计图纸一套。

毕业设计大纲中规定的章节顺序，只是规定了说明书编写的顺序，并不表示设计顺序。由于设计中有许多章节是相互交错的，因此在进行设计时，有时后面的章节要先行设计；有时只能按选定的数值进行计算，待其他部分完成后，再修改原来选定的数值重新进行计算。在安排设计顺序时，应充分考虑这种特点，尽量减少返工修改的过程；同时，应当把这种性质的修改看成是设计过程的深入，是使设计更接近正确和合理的过程。

在设计过程中，为保证设计进度，同时应当注意避免由于疏忽或决定错误而造成较大工作量的返工修改，影响设计进度。

E　关于毕业设计图纸和说明书的规定

a　毕业设计图纸

（1）要求学生独立完成与毕业设计说明书配套的毕业设计图纸一套（不包括毕业设计说明书中的插图），至少5张，分别是：

1）开拓系统垂直纵投影图：比例为1：1000或1：2000。要求带有水平标高线、地质剖面线、主要开拓巷道、辅助开拓巷道、矿体纵投影边界线、开拓水平、标题栏等。

2）开拓系统平面图（至少1张是含有排水系统的阶段平面）：比例1：1000或1：2000，图中要有坐标网、指北方向、矿区边界、地质构造、首采中段矿体平面图、矿井首采中段开拓工程、地表移动带、矿体地质剖面线、垂直纵投影线、标题栏等。

3）采矿方法图：比例为1：500，图中矿体要依据设计对象矿山实际矿体参数绘制。

4）井巷断面图：比例为1：50~1：20。

5）采掘进度计划图表：绘制投产及达产以后5年采掘生产计划；或基建工程进度计划图表，从基建准备开始到建设项目达产。

（2）毕业设计图纸应满足以下要求：

1）正确反映设计的内容和意图；

2）设计符合《采矿制图标准》中的各项要求；

3）图面布置整齐、均匀、清洁、美观；

4）线条清楚，尺寸准确，比例标准；

5）字体工整。

（3）毕业设计图纸建议采用计算机绘制。对不合质量要求的图纸，必须进行修改或重新绘制。

对毕业设计图纸及标题栏做如下规定：

1）图纸一般采用 1 张 A1 图纸绘制，根据图大小可适当调整图幅。

2）图纸四周应有图框。

3）图的右下角应有规定式样的图题栏。

4）各图应按采矿制图标准绘制，可参考《采矿制图标准》《采矿设计手册—矿床开采卷》。

5）图中应采用不同图例区分出已掘和待掘巷道。

6）为保证图纸整洁和清晰，名称在图内用数字标明，在图外适当位置用仿宋体工整地写明。反映同一井巷名称的数字在平面图和剖面图上应一致，数字和外文字按工程体书写。

b 毕业设计说明书插图

说明书中的插图一般可大致按比例绘制，要求其尺寸大体与实际情况相似。

所有插图均应按章编号，并在图的下方注明图的名称。

c 毕业设计说明书的编写

毕业设计说明书是把各章节中的计算、分析、比较以及最后确定的内容简单而系统地加以说明，说明书的编写直接影响毕业设计质量。对说明书的编写提出以下要求：

（1）叙述要简明扼要。对所采用的方案和主要依据要结合具体矿山的条件叙述确切，不能生搬照抄教科书及手册中的相关内容。

（2）文理通顺，字体工整清楚。说明书样式、格式要依照学校本科毕业论文要求书写。打印前，其原稿应由指导教师审查批准。

（3）文字说明应与所绘制的图表密切配合，不得出现矛盾。对不符合上述要求的说明书，必须重新修改，待指导教师认可后方可打印。

此外，对设计说明书还做如下规定：

（1）说明书一律 A4 纸打印。

（2）说明书必须由设计人编写，每章应重新开页，各章节标题均应用较大字体正楷书写。说明书内容一律由左向右横写。

（3）对于所引用的公式和主要原理以及引证的依据，均应在文字说明的右上方加注编号。该编号应与说明书正文后所附的参考文献编号相符。

（4）说明书中引用的公式，均应将所有符号及单位加以说明；计算时将数字代入后，可直接写出答案，不必将计算过程详细列出。

（5）说明书中所出现的计量单位及其符号应符合国家有关规定，使用法定计量单位（国际通用单位）。

（6）说明书中所有的表格（两端不封闭）均应注明名称，并按章编号。

（7）说明书正文之前，应编写章节目录。

（8）说明书的章节一般应按大纲规定编写，如果次序及内容需要变动时，应经指导教师同意。

（9）说明书应按统一格式装订。"设计任务书"页面作为首页，应按顺序装订在最前面。

（10）在说明书后，要注明主要参考文献，其格式为：

1）著作："［序号］作者．著作名［M］．出版地点：出版社名，出版年份．"

2）论文："［序号］作者．文章名［J］．期刊名，年份．总卷号（期号）：页码范围．"

（11）毕业设计说明书正文必须附有500字左右的中、外文摘要，摘要内容要保证准确、简练、扼要，表达清楚。

参 考 文 献

[1] 李宝祥. 金属矿床露天开采 [M]. 北京：冶金工业出版社，1979.

[2] 陈晓青. 金属矿床露天开采 [M]. 北京：冶金工业出版社，2010.

[3] 焦玉书. 金属矿山露天开采 [M]. 北京：冶金工业出版社，1989.

[4] 云庆夏. 露天开采设计原理 [M]. 北京：冶金工业出版社，1995.

[5] 张达贤. 露天矿线路工程 [M]. 北京：煤炭工业出版社，北京，1984.

[6] 中国矿业学院. 露天采矿手册 [M]. 北京：煤炭工业出版社，1986.

[7] 陈玉凡. 矿山机械 [M]. 北京：冶金工业出版社，1981.

[8] 孙本壮. 金属矿床露天开采 [M]. 北京：冶金工业出版社，1993.

[9] 王运敏. 中国采矿设备手册 [M]. 北京：科学出版社，2007.

[10] 全国矿产储量委员会办公室. 矿产工业要求参考手册（修订版）[M]. 北京：地质出版社，1987.

[11] 张达贤. 露天开采基本知识 [M]. 北京：煤炭工业出版社，1982.

[12] 尚涛. 现代化露天开采若干问题的研究 [M]. 徐州：中国矿业大学出版社，2004.

[13] 于长顺. 露天开采近十年的发展和趋向 [J]. 采矿技术，2001（6）.

[14] 刘新海. 我国铁矿采矿技术的回顾与展望 [J]. 涟钢科技与管理，2007（3）.

[15] 谢勤金. 刍议我国露天和地下采矿技术成就 [J]. 科技信息（学术研究），2008（18）.

[16] 康勇. 露天采矿技术发展方向及高校相关专业教学模式探讨 [J]. 高等建筑教育，2008（02）.

[17] 孙承菊. 齐大山铁矿陡帮开采工艺的应用研究 [J]. 矿业工程，2008（04）.

[18] 刘荣. 我国金属矿山采矿技术进展及趋势综述 [J]. 金属矿山，2007（10）.

[19] 高祥. 大型露天矿山稳产技术研究与应用 [J]. 有色金属（矿山部分），2007（05）.

[20] 宫永军. 南芬露天铁矿下盘滑坡治理的研究 [J]. 矿业快报，2007（7）.

[21] 吴启瞩. 关于露天矿工作帮坡角的研究与优化 [J]. 有色冶金设计与研究，2007（1）.

[22] 许志中. 我国露天矿山开采的薄弱环节及对策分析 [J]. 矿业快报，2006（10）.

[23] 陈亚军. 论实现多台阶的组合开采 [J]. 煤矿现代化，2006（3）.

[24] 古德生. 21世纪矿业 [J]. 有色冶金设计与研究，2002（4）.

[25] T. S. 戈洛辛斯基. 美国露天开采技术发展形势 [J]. 国外金属矿山，北京，2000（3）.

冶金工业出版社部分图书推荐

书　名	作　者	定价（元）
中国冶金百科全书·采矿卷	本书编委会　编	180.00
采矿工程师手册（上、下册）	于润沧　主编	395.00
现代采矿手册（上中下册）	王运敏　主编	1000.00
采矿工程专业毕业设计指导（地下开采部分）	路增祥　主编	30.00
矿物加工工程专业毕业设计指导（金属矿山选矿厂设计)	赵通林　主编	35.00
地质学（第5版）（国规教材）	徐九华　等编	48.00
工程地质学（本科教材）	张　萌　等编	32.00
数学地质（本科教材）	李克庆　等编	40.00
矿产资源开发利用与规划（本科教材）	邢立亭　等编	40.00
采矿学（第2版）（国规教材）	王　青　主编	58.00
矿山安全工程（第2版）（国规教材）	陈宝智　主编	38.00
金属矿床地下开采（第3版）	任凤玉　主编	58.00
金属矿床露天开采（本科教材）	陈晓青　主编	28.00
高等硬岩采矿学（第2版）（本科教材）	杨　鹏　主编	32.00
矿山岩石力学（第2版）（本科教材）	李俊平　主编	58.00
采场地压控制（本科教材）	李俊平　主编	25.00
采矿系统工程（本科教材）	顾清华　主编	29.00
矿山企业管理（本科教材）	李国清　主编	49.00
智能矿山概论（本科教材）	李国清　主编	29.00
现代充填理论与技术（本科教材）	蔡嗣经　主编	26.00
地下矿围岩压力分析与控制（本科教材）	杨宇江　等编	30.00
露天矿边坡稳定分析与控制（本科教材）	常来山　等编	30.00
边坡工程（本科教材）	吴顺川　主编	59.00
矿井通风与除尘（本科教材）	浑宝炉　等编	25.00
矿山运输与提升（本科教材）	王进强　主编	39.00
放矿理论与应用（本科教材）	毛市龙　等编	28.00
采矿工程概论（本科教材）	黄志安　等编	39.00
采矿工程CAD绘图基础教程	徐　帅　主编	42.00
固体物料分选学（第3版）	魏德洲　主编	60.00
选矿厂设计（本科教材）	魏德洲　主编	40.00
浮选（本科教材）	赵通林　编	30.00
选矿试验与生产检测（高校教材）	李志章　主编	28.00
矿产资源综合利用（高校教材）	张　佶　主编	30.00